卓越设计师丛书系列

混凝土结构节点构造设计图集

（设计师必会100个节点设计：CAD节点+3D示意图+实景图片）

主编　白巧丽

参编　何艳艳　贾玉梅　高世霞　魏海宽　阎秀敏

机械工业出版社
CHINA MACHINE PRESS

本书共分为三章，主要内容包括混凝土基础知识、混凝土构造节点、混凝土养护及成品保护。

本书内容翔实，系统全面，语言简练，重点突出，图文并茂，以实用、精练为原则，紧密结合工程实际，从节点图、三维图、实例照片三个方面来解读，提供了300多个常用节点构造，便于读者理解掌握，可供工程设计、施工、管理人员以及相关专业大中专院校师生学习参考。

图书在版编目（CIP）数据

混凝土结构节点构造设计图集：设计师必会100个节点设计：CAD节点+3D示意图+实景图片/白巧丽主编.—北京：机械工业出版社，2022.6

（卓越设计师案头工具书系列）

ISBN 978-7-111-70698-4

Ⅰ.①混… Ⅱ.①白… Ⅲ.①混凝土结构–节点–结构设计–图集 Ⅳ.①TU370.4-64

中国版本图书馆CIP数据核字（2022）第077000号

机械工业出版社（北京市百万庄大街22号　邮政编码100037）
策划编辑：张　晶　责任编辑：张　晶　张大勇
责任校对：刘时光　封面设计：张　静
责任印制：任维东
北京市雅迪彩色印刷有限公司印刷
2023年1月第1版第1次印刷
184mm×250mm・9.25印张・233千字
标准书号：ISBN 978-7-111-70698-4
定价：79.00元

电话服务　　　　　　网络服务
客服电话：010-88361066　机　工　官　网：www.cmpbook.com
　　　　　010-88379833　机　工　官　博：weibo.com/cmp1952
　　　　　010-68326294　金　书　网：www.golden-book.com
封底无防伪标均为盗版　机工教育服务网：www.cmpedu.com

前言
Preface

　　随着我国经济建设的飞速发展，建设工程的规模日益扩大，取得了辉煌的成就，其中混凝土结构技术突飞猛进，取得了大批先进、成熟的技术成果。混凝土具有原料丰富、价格低廉、生产工艺简单、抗压强度高、耐久性好、强度等级范围宽等特点，广泛用于各种工程建设项目。混凝土工程是建筑施工中的主导工程工种，对人力、物力消耗和工期都有非常重要的影响。

　　由于资料来源庞杂繁复，设计施工过程中涉及大量的构造图等，为了适应现代化建筑的发展形势，企业对混凝土专业人士的需求也大幅增加，且急需一线技术操作和现场管理人员，基于以上原因，根据现行混凝土设计等相关国家标准、规范，结合实例编写了本书。

　　图样是工程设计与建设的核心与基础，一个好的工程往往是由无数个精确、标准的节点组合而成，由于混凝土结构构造类型繁多，设计、施工过程中涉及大量的构造图、节点图等，因此每个建筑工程技术人员都需要了解。

　　本书编写的主要特点是将基本的建筑混凝土结构节点构造做法通过CAD平面图、节点三维图示、现场实例相结合的方式表达出来，以建筑混凝土结构构造节点设计为主线，采用图、表、文字三者结合的形式，可以帮助设计师快速理解混凝土结构节点构造的基本知识。本书内容简洁明了，便于广大读者掌握，与实际结合性强。本书的目的，一是培养读者的空间想象能力；二是培养读者依照国家标准，正确绘制和阅读工程图样的基本能力。

　　本书共分为三章。主要内容包括混凝土基础知识、混凝土构造节点、混凝土养护及成品保护。

　　诚挚地希望本书能为读者带来更多的帮助，编者将会感到莫大的荣幸与欣慰。本书中的各类混凝土结构构造节点适合哪种场合，敬请读者仔细领会和推敲，切勿生搬硬套。在本书的编写过程中参阅和借鉴了许多优秀书籍和文献资料，一并列在参考文献中，同时还得到有关领导和专家的帮助，在此一并表示感谢。由于编者的经验和学识有限，书中内容难免存在遗漏和不足之处，敬请广大读者批评和指正，便于进一步修改完善。

编　者

目 录
Contents

前言

第一章 混凝土基础知识 / 1
第一节 混凝土的分类 / 1
第二节 混凝土强度等级 / 3
第三节 混凝土结构术语及符号 / 4

第二章 混凝土构造节点 / 8
第一节 地基基础构造节点 / 8
第二节 墙体构造节点 / 21
第三节 梁构造节点 / 43
第四节 混凝土柱构造节点 / 68
第五节 屋面及混凝土板构造节点 / 80
第六节 阳台及雨篷构造节点 / 101
第七节 门、窗构造节点 / 107
第八节 楼梯构造节点 / 109
第九节 变形缝及后浇带构造节点 / 132

第三章 混凝土养护及成品保护 / 141
第一节 混凝土的养护 / 141
第二节 混凝土的成品保护 / 143

参考文献 / 144

第一章

混凝土基础知识

◀ 第一节 混凝土的分类 ▶

一般情况，混凝土是指采用各种骨料、胶粘剂、掺合料、外加剂和水按一定比例混合并搅拌均匀而成的胶凝性建筑材料，主要包括水泥混凝土、沥青混凝土等。详细介绍见表1-1-1。

表1-1-1 混凝土分类

序号	类别	混凝土名称	特性说明
1	普通混凝土（又称水泥混凝土）	—	采用水泥为粘结料，石和砂为骨料，另外还常加入适量的掺合料和外加剂，能用标准规范的搅拌设备制备，用于建筑施工。主要用于各种混凝土结构
2	钢筋混凝土	—	在普通混凝土中放置一些抗拉钢筋，经过一段时间的养护，达到建筑设计所需强度，是现代建筑物应用最多的重要建筑材料之一
3	特种混凝土、特殊要求的混凝土	重混凝土	混凝土密度大于2.6t/m³的保护性混凝土或安全性混凝土，主要用于核电站等放射性工程，其中骨料包含有重晶石、废钢块、铅粉等
		轻质混凝土	密度不大于1.8t/m³的混凝土，主要是粗骨料的质量轻，通常由陶粒、蛭石等轻质材料作为骨料，由膨胀塑料等作为添加料而制备的轻质混凝土
		加气混凝土	添加金属铝粉等膨胀多孔剂，使之产生多孔结构的轻质混凝土，还需要在蒸汽釜中进行蒸汽压力养护
		泡沫混凝土	利用制备装置设置泡沫发生器，使塑料或蛋白质类化合物产生泡沫，再将泡沫加入含硅质材料（砂、粉煤灰等）、钙质材料（石灰、水泥等）、水及其他附加剂组成的料浆中，并经过混合搅拌、浇筑成型、蒸汽养护或蒸压养护而成的一种新型建筑材料，特点质轻多孔，主要用于建筑保温、隔热等工程
		纤维混凝土	在混凝土预制构件、构筑物或在喷射混凝土中加入30~50kg/m³的钢纤维或采用填入合成纤维的方式来增强混凝土的抗疲劳、抗冲击、耐磨损和抗裂、阻裂能力以及提高韧性和抗渗性，可以有效阻止混凝土内部和表面裂缝的扩展或延缓裂缝出现

（续）

序号	类别	混凝土名称	特性说明
3	特种混凝土、特殊要求的混凝土	树脂混凝土	用聚酯树脂、环氧树脂、尿醛树脂等作为胶结料，采用特殊装置制备的特种混凝土，适宜在侵蚀性介质中使用
		热拌混凝土	采用骨料加热或蒸汽搅拌等方式制备的混凝土，常用于冬季施工
		冷混凝土	采用骨料冷却，添加冷水或薄片冰、液氮冷却新鲜混凝土的方法制备混凝土，常用于控温要求较高的特殊结构
		抗渗混凝土	在一定的压力下，液体不能通过的混凝土，一般是指抗水渗混凝土，不包括抗油渗混凝土，适用于地面以下的防渗构筑物，如隧道等
		膨胀混凝土	在混凝土中掺入一定量的微膨胀剂，用以预加抵消混凝土收缩应力的混凝土，主要用于有特殊要求的混凝土结构，如施工后浇带
		抗冻混凝土	在低温寒冷条件下施工的混凝土，主要用于冬期施工的混凝土构筑物
		匀质性混凝土	由各种骨料、胶粘剂、掺合料、外加剂和水按一定比例配合并搅拌均匀而成的建筑材料
		碾压混凝土	对于超干硬混凝土（坍落度为零的混凝土），或使用骨料粒径较大而水泥较少的贫混凝土，用一般振捣器不能密实，需采用振动压路机碾压来达到密实，用于大坝等水利工程
		大流动性混凝土	坍落度很大（一般超过200mm），具有较高流动性的混凝土
		水下不分散混凝土	黏聚力较大，用于水下浇筑时不轻易分散的混凝土
		沥青混凝土	采用天然沥青、人造沥青，或石油沥青、焦油沥青（煤沥青）为胶粘剂，与石粉、粗骨料等矿物质混合料按照使用要求的配合比和温度加热拌匀，经铺筑、碾压或捣实的混凝土，材料来源广，价格低廉，施工简便，主要用于铺筑路面、沥青衬里等
		耐热混凝土	以铬铁矿、镁砖或耐火砖碎块等为骨料，以硅酸盐水泥、矾土水泥及水玻璃等为胶结料的混凝土，可在350～1700℃高温下使用
		耐酸混凝土	以水玻璃为胶结料，加入固化剂和耐酸骨料配置而成的混凝土，具有优良的耐酸及耐热性
		耐火混凝土	以适当的胶凝材料（或加入外加剂）、耐火骨料（包含掺入磨细的矿物掺合料）和水或其他液体，按一定比例组成，经搅拌、成型、养护而获得的耐火度高达1500℃以上的混凝土。生产工艺简单，能预制成大块，施工效率高，成本低廉，使用寿命长，用于工业窑炉
		装饰混凝土	主要是指白色混凝土和彩色混凝土。白色混凝土是以白色水泥为胶凝材料，白色或浅色岩石为骨料，或掺入一定量的白色颜料而配制成。彩色混凝土是以白色水泥、彩色水泥或白色水泥掺入彩色颜料，以及彩色骨料和白色或浅色骨料按一定比例配制而成。不仅可做建筑材料，也具有装饰材料的美术效果和艺术效果

第二节 混凝土强度等级

按照国家标准《混凝土结构设计规范（2015年版）》（GB 50010—2010），混凝土强度等级应按立方体抗压强度标准值确定。立方体抗压强度标准值是指按标准方法制作、养护的边长为150mm的立方体试件，在28d或设计规定龄期以标准试验方法测得的具有95%保证率的抗压强度值。

普通混凝土划分为14个强度等级：C15、C20、C25、C30、C35、C40、C45、C50、C55、C60、C65、C70、C75、C80。

混凝土强度等级是混凝土结构设计、施工质量控制和工程验收的重要依据，不同的建筑工程及建筑部位需采用不同强度等级的混凝土，一般有一定的选用范围，根据具体情况确定，见表1-2-1。

表1-2-1 混凝土强度等级的选用参考

备注	结构类别		混凝土最低强度等级	适宜强度等级
1	素混凝土结构	垫层及填充用混凝土	C15	C15、C20
2	钢筋混凝土结构	配HPB300级钢筋的结构	C20	C20、C25
		配HPB335级钢筋的结构	C20	C20、C30、C40、C50
		配HPB400和RRB400、HPB500级钢筋的结构	C25	C25、C30、C40、C50
		承受重复载荷结构	C20	C20、C30、C40、C50
		叠合梁、板的叠合层	C20	C20、C30、C40
		剪力墙	C20	C20、C30、C40
		一级抗震等级的梁、柱、框架节点	C30	C30、C40、C50、C60
		二、三级抗震等级的梁、柱、框架节点	C20	C30、C40、C50、C60
		有侵蚀性介质作用的现浇筑式结构	C30	C30、C40、C50
		有侵蚀性介质作用的现装配式结构	C30	C30、C40、C50
		处于露天或室内高湿度环境中的主要承重构件	C30	C30、C40、C50
		处于露天或室内高湿度环境中的非主要承重构件	C25	C25、C30、C40
		高层建筑	C25	C50、C55、C60、C70、C80
3	预应力混凝土结构	预应力混凝土结构	C30	C30、C40、C50
		配钢绞线、钢丝、热处理钢筋的构件	C40	C40、C50、C60
		配其他预应力钢筋的构件	C30	C30、C40

(续)

备注	结构类别		混凝土最低强度等级	适宜强度等级
4	基础类	刚性基础 — 一般刚性基础	C20	C20、C25
		刚性基础 — 受侵蚀作用的刚性基础	C25	C25、C30
		扩展基础	C20	C20、C25、C30
		壳体基础	C20	C25、C30
		预制桩	C30	C35、C40
		墙下筏形基础	C20	C20、C25
		灌注桩	C20	C20、C25、C30
		水下灌注桩	C20	C25、C30
		桩基承台	C20	C20、C25
		大块式基础	C20	C20、C25
		按受力确定的构架式基础	C20	C20、C25、C30
		高层建筑 — 箱形基础	C20	C20、C25、C30
		高层建筑 — 筏形基础	C25	C30、C40、C50
		高层建筑 — 桩箱基础	C30	C30、C40、C50
		高层建筑 — 桩筏基础	C30	C30、C40、C50

注：抗震设防烈度为9度时，混凝土强度等级不宜超过C60；抗震设防烈度为8度时，混凝土强度等级不宜超过C70。

第三节　混凝土结构术语及符号

混凝土结构术语见表1-3-1，混凝土结构符号见表1-3-2。

表1-3-1　混凝土结构术语

序号	名称	说明
1	混凝土结构	以混凝土为主制成的结构，包括素混凝土结构、钢筋混凝土结构和预应力混凝土结构等
2	素混凝土结构	无筋或不配置受力钢筋的混凝土结构
3	普通钢筋	用于混凝土结构构件中的各种非预应力筋的总称
4	预应力筋	用于混凝土结构构件中施加预应力的钢丝、钢绞丝和预应力螺纹钢筋等的总称
5	钢筋混凝土结构	配置受力普通钢筋的混凝土结构
6	预应力混凝土结构	配置受力的预应力筋，通过张拉或其他方法建立预加应力的混凝土结构
7	现浇混凝土结构	在现场原位支模并整体浇筑而成的混凝土结构

(续)

序号	名称	说明
8	装配式混凝土结构	由预制混凝土构件或部件装配、连接而成的混凝土结构
9	装配整体式混凝土结构	由预制混凝土构件或部件通过钢筋、连接件或施加预应力加以连接，并在连接部位浇筑混凝土而形成整体受力的混凝土结构
10	叠合构件	由预制混凝土构件（或既有混凝土结构构件）和后浇混凝土组成，以两阶段成型的整体受力结构构件
11	深受弯构件	跨高比小于5的受弯构件
12	深梁	跨高比小于2的简支单跨梁或跨高比小于2.5的多跨连续梁
13	先张法预应力混凝土结构	在台座上张拉预应力筋后浇筑混凝土，并通过放张预应力筋由粘结传递而建立预应力的混凝土结构
14	后张法预应力混凝土结构	浇筑混凝土并达到规定强度后，通过张拉预应力筋并在结构上锚固而建立预应力的混凝土结构
15	无粘结预应力混凝土结构	配置与混凝土之间保持相对滑动的无粘结预应力筋的后张法预应力混凝土结构
16	有粘结预应力混凝土结构	通过灌浆或与混凝土直接接触使预应力筋与混凝土之间相互粘结而建立预应力的混凝土结构
17	结构缝	根据结构设计需求而采取的分割混凝土结构间隔的总称
18	混凝土保护层	结构构件中受力钢筋外边缘至构件表面范围用于保护钢筋的混凝土，简称保护层
19	锚固长度	受力钢筋依靠其表面与混凝土的粘结作用或端部构造的挤压作用而达到设计承受应力所需的长度
20	钢筋连接	通过绑扎搭接、机械连接、焊接等方法实现钢筋之间内力传递的构造形式
21	配筋率	混凝土构件中配置的钢筋截面面积与规定的混凝土截面面积（或体积）的比值
22	剪跨比	截面弯矩与剪力和有效高度乘积的比值
23	横向钢筋	垂直于纵向受力钢筋的箍筋或间接钢筋

表 1-3-2　混凝土结构符号

序号	名称		说明
1	材料性能	E_C	混凝土的弹性模量
		E_S	钢筋的弹性模量
		C30	立方体抗压强度标准值为 $30N/mm^2$ 的混凝土强度等级
		HRB500	强度标准值为500MPa的普通热轧带肋钢筋
		HRBF400	强度标准值为400MPa的细晶粒热轧带肋钢筋
		RRB400	强度标准值为400MPa的余热处理带肋钢筋
		HPB300	强度标准值为300MPa的热轧光圆钢筋
		HRB400E	强度标准值为400MPa且有较高抗震性能的普通热轧带肋钢筋

（续）

序号	名称		说明
1	材料性能	f_{ck}、f_c	混凝土轴心抗压强度标准值、设计值
		f_{tk}、f_t	混凝土轴心抗拉强度标准值、设计值
		f_{yk}、f_{pyk}	普通钢筋、预应力筋屈服强度标准值
		f_{stk}、f_{ptk}	普通钢筋、预应力筋极限强度标准值
		f_y、f'_y	普通钢筋抗拉、抗压强度设计值
		f_{py}、f'_{py}	预应力筋抗拉、抗压强度设计值
		f_{yv}	横向钢筋的抗拉强度设计值
		δ_{gt}	钢筋最大力下的总伸长率，也称均匀伸长率
2	作用和作用效应	N	轴向力设计值
		N_k、N_q	按荷载标准组合、准永久组合计算的轴向力值
		N_{u0}	构件的截面轴心受压或轴心受拉承载力设计值
		N_{p0}	预应力构件混凝土法向预应力等于零时的预加力
		M	弯矩设计值
		M_k、M_q	按荷载标准组合、准永久组合计算的弯矩值
		M_u	构件的正截面受弯承载力设计值
		M_{cr}	受弯构件的正截面开裂弯矩值
		T	扭矩设计值
		V	剪力设计值
		F_l	局部荷载设计值或集中反力设计值
		σ_s、σ_p	正截面承载力计算中纵向钢筋、预应力筋的应力
		σ_{pe}	预应力筋的有效预应力
		σ_l、σ'_l	受拉区、受压区预应力筋在相应阶段的预应力损失值
		τ	混凝土的剪应力
		w_{max}	按荷载准永久组合或标准组合，并考虑长期作用影响的计算最大裂缝宽度
3	几何参数	b	矩形截面宽度，T形、I形截面的腹板宽度
		c	混凝土保护层厚度
		d	钢筋的公称直径（简称直径）或圆形截面的直径
		h	截面高度
		h_0	截面有效高度
		l_{ab}、l_a	纵向受拉钢筋的基本锚固长度、锚固长度
		l_0	计算跨度或计算长度
		s	沿构件轴线方向上横向钢筋的间距、螺旋筋的间距或箍筋的间距
		x	混凝土的受压区高度
		A	构件截面面积
		A_s、A'_s	受拉区、受压区纵向普通钢筋的截面面积

（续）

序号	名称		说明
3	几何参数	A_p、A'_p	受拉区、受压区纵向预应力筋的截面面积
		A_l	混凝土局部受压面积
		A_{cor}	箍筋、螺旋筋或钢筋网所围的混凝土核心截面面积
		B	受弯构件的截面刚度
		I	截面惯性矩
		W	截面受拉边缘的弹性抵抗矩
		W_t	截面受扭塑性抵抗矩
4	计算系数及其他	α_E	钢筋弹性模量与混凝土弹性模量的比值
		γ	混凝土构件的截面抵抗矩塑性影响系数
		η	偏心受压构件考虑二阶效应影响的轴向力偏心距增大系数
		λ	计算截面的剪跨比，即 $M/(Vh_0)$
		ρ	纵向受力钢筋的配筋比率
		ρ_v	间接钢筋或箍筋的体积配筋率
		ϕ	表示钢筋直径的符号，$\phi 20$ 表示直径为 20mm 的钢筋

第二章

混凝土构造节点

第一节 地基基础构造节点

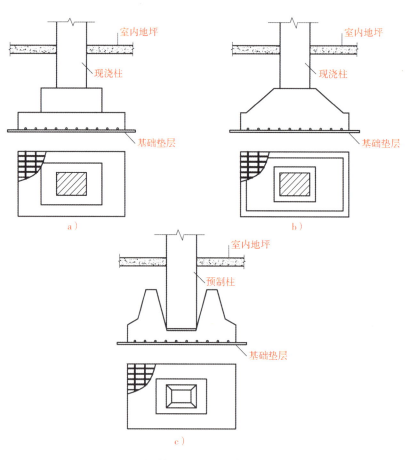

图 2-1-1 钢筋混凝土柱下单独基础构造图
a) 阶梯形钢筋混凝土柱下单独基础 b) 锥形钢筋混凝土柱下单独基础
c) 杯形钢筋混凝土柱下单独基础

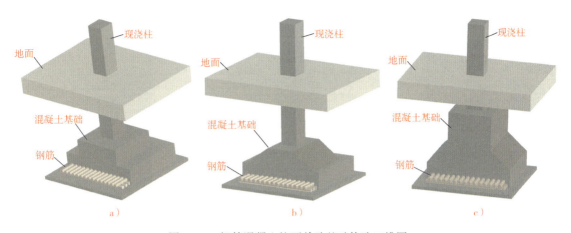

图 2-1-2　钢筋混凝土柱下单独基础构造三维图
a）阶梯形钢筋混凝土柱下单独基础三维图　b）锥形钢筋混凝土柱下单独基础三维图
c）杯形钢筋混凝土柱下单独基础三维图

图 2-1-3　钢筋混凝土柱下单独基础构造现场实例图

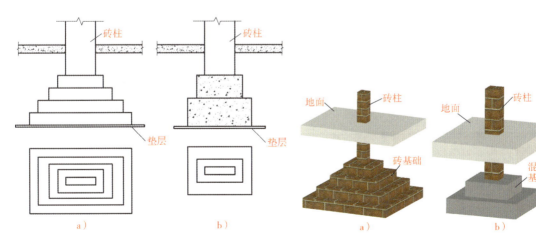

图 2-1-4　砌体柱下刚性基础构造图　　　图 2-1-5　砌体柱下刚性基础构造三维图
　　a）砖基础　b）混凝土基础　　　　　　　　a）砖基础　b）混凝土基础

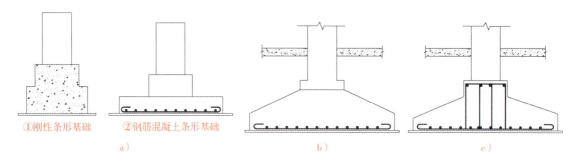

图 2-1-6　条形基础构造图
a）墙下刚性条形基础　b）板式墙下钢筋混凝土条形基础
c）梁式墙下钢筋混凝土条形基础

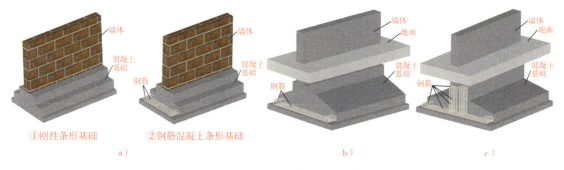

图 2-1-7　条形基础构造三维图
a）墙下刚性条形基础　b）板式墙下钢筋混凝土条形基础
c）梁式墙下钢筋混凝土条形基础

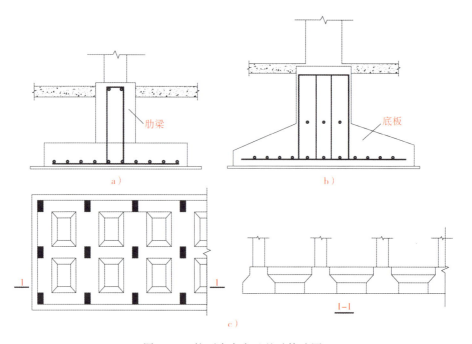

图 2-1-8　柱下十字交叉基础构造图

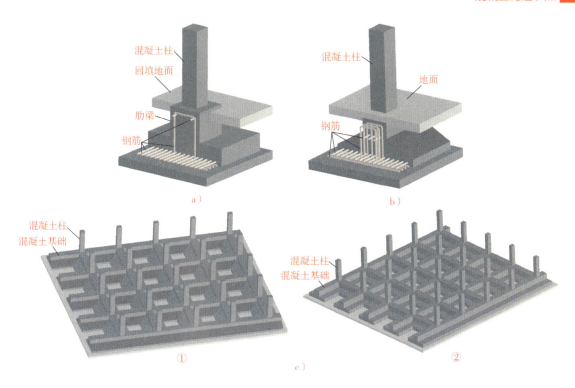

图 2-1-9　柱下十字交叉基础构造三维图

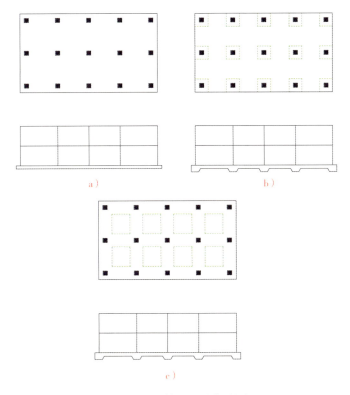

图 2-1-10　筏形基础构造图

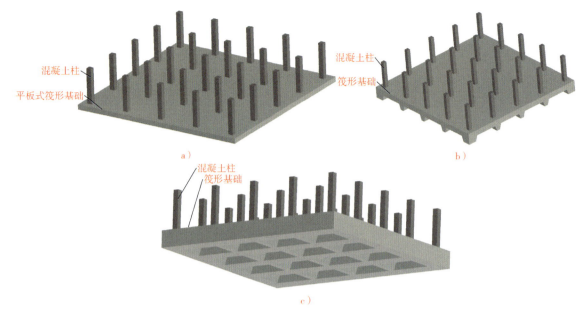

图 2-1-11　筏形基础构造三维图

图 2-1-12　筏形基础现场实例图

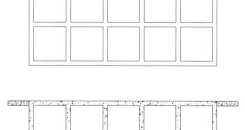

图 2-1-13　箱形基础构造图

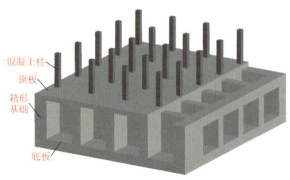

图 2-1-14　箱形基础构造三维图

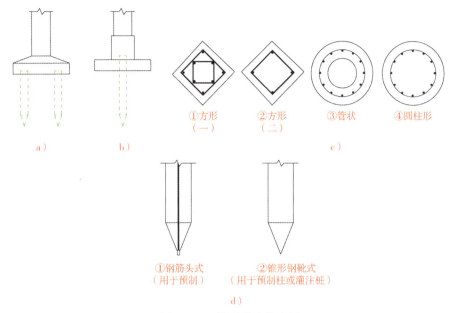

图 2-1-15 桩形基础构造图
a）柱下桩基础 b）墙下桩基础 c）桩身断面形式 d）柱的端头形式

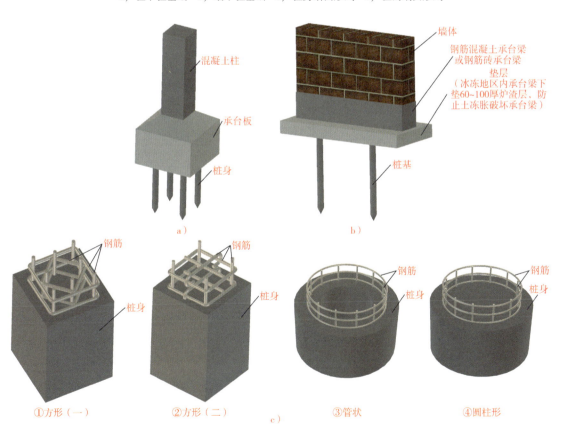

图 2-1-16 桩形基础构造三维图
a）柱下桩基础 b）墙下桩基础 c）桩身断面形式

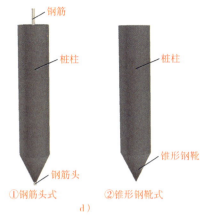

图 2-1-16 桩形基础构造三维图（续）

d）柱的端头形式

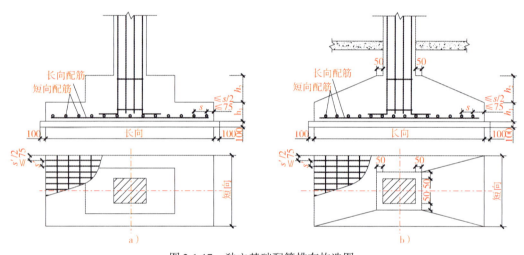

图 2-1-17 独立基础配筋排布构造图

a）阶梯形独立基础配筋排布　b）坡形独立基础配筋排布

注：1. 本图适用于普通独立基础和杯口独立基础，基础的截面形式为阶梯形或坡形截面。
    2. 独立基础底部双向钢筋长向设置在下、短向设置在上，独立基础的长向根据具体工程设计而定。

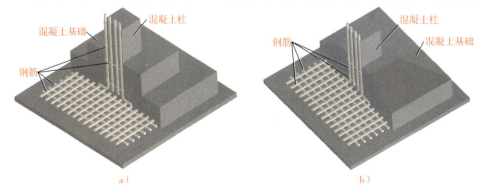

图 2-1-18 独立基础配筋排布构造三维图

a）阶梯形独立基础配筋排布　b）坡形独立基础配筋排布

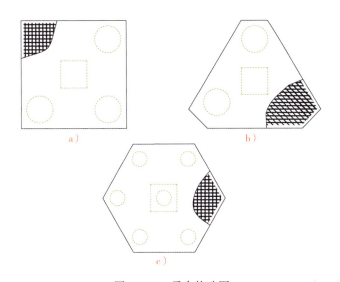

图 2-1-19　承台构造图
a）矩形承台　b）三桩承台　c）六边形承台

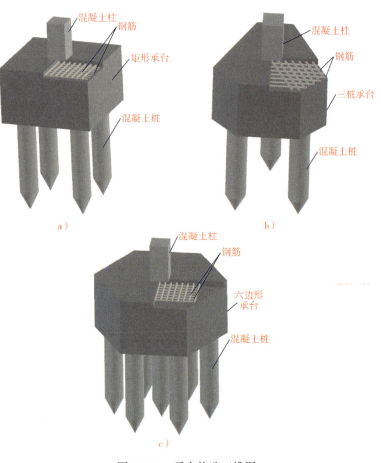

图 2-1-20　承台构造三维图
a）矩形承台　b）三桩承台　c）六边形承台

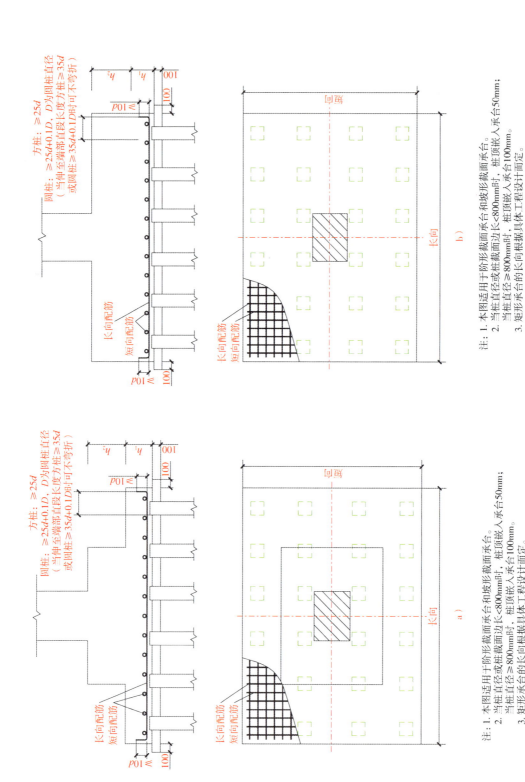

图2-1-21 承台配筋排布构造图
a) 阶形截面配筋排布 b) 单阶形截面配筋排布

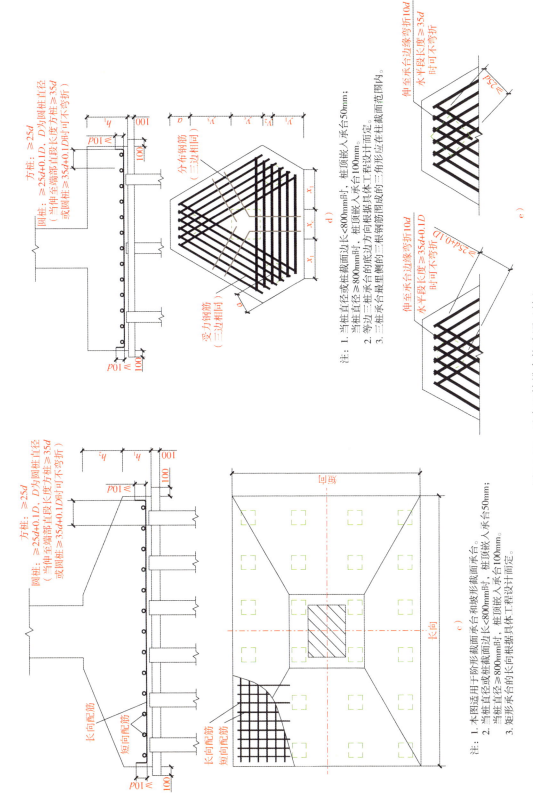

图2-1-21 承台配筋排布构造图（续）
c) 坡形截面配筋排布 d) 等边三桩承台配筋排布 e) 三桩承台受力钢筋端部排布

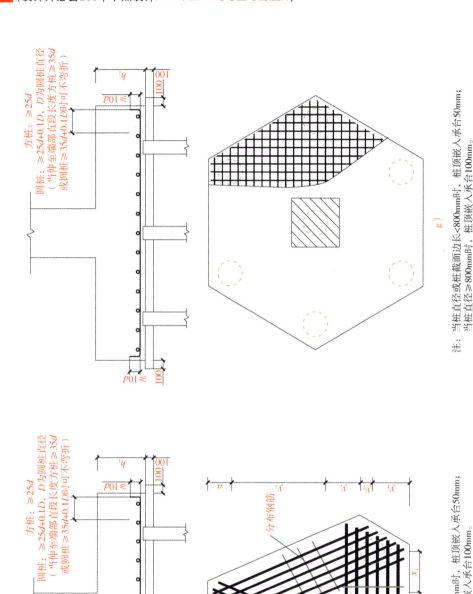

图2-1-21 承台配筋布构造图（续）
f) 等腰三桩承台配筋排布 g) 六边形承台配筋排布

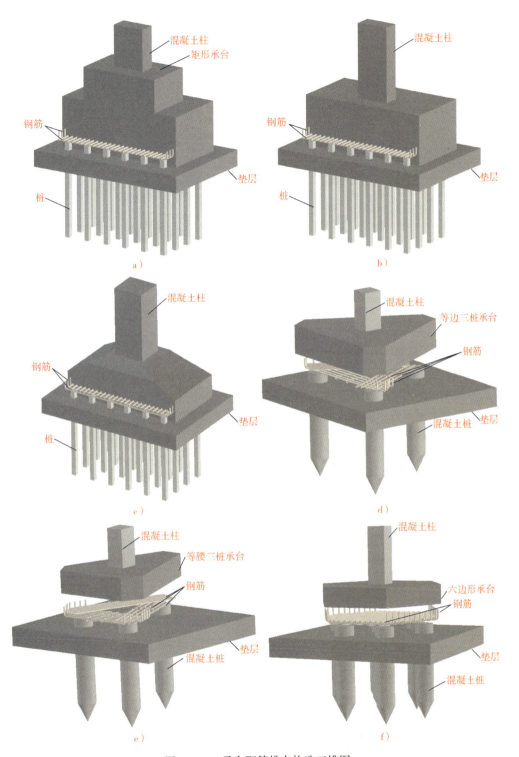

图 2-1-22 承台配筋排布构造三维图
a）阶形截面配筋排布 b）单阶形截面配筋排布 c）坡形截面配筋排布 d）等边三桩承台配筋排布
e）等腰三桩承台配筋排布 f）六边形承台配筋排布

图 2-1-23　承台配筋现场实例图

说明：

（1）基础类型众多，一般分为以下类型：

1）根据材料和受力特点，分为刚性基础（无筋扩展基础）和柔性基础（扩展基础）。

2）根据基础的外形，分为独立基础、条形基础、筏形基础和箱形基础等。

3）根据持力层深度，分为浅基础和深基础。

（2）当上部墙体荷重较大而土质较差时，可考虑采用"宽基浅埋"的墙下钢筋混凝土条形基础。

（3）当基础延伸方向的墙上荷载及基土的压缩性不均匀时，为了增强基础的整体性和纵向抗弯能力，减小不均匀沉降，常采用带肋的墙下钢筋混凝土条形基础。

（4）当荷载很大，采用柱下条形基础不能满足地基基础设计要求时，可采用双向的柱下钢筋混凝土条形基础组成的十字交叉条形基础。

（5）当地基软弱而荷载很大，采用十字交叉基础又不能满足地基基础设计要求时，可采用筏形基础。

（6）承台混凝土强度等级不宜小于C15，采用HPB335级钢筋时，混凝土强度等级不宜低于C20；承台底面钢筋的保护层厚度不宜小于70mm，若采用素混凝土垫层时，保护层厚度可适当减少，垫层厚度宜为100mm，强度等级宜为C7.5。

（7）矩形承台板配筋宜按双向均匀布置，钢筋直径不宜小于10mm，间距应取100～200mm；三桩承台应按三向板带均匀配置，最里面三根钢筋相交围成的三角形应位于柱截面范围内。

第二节 墙体构造节点

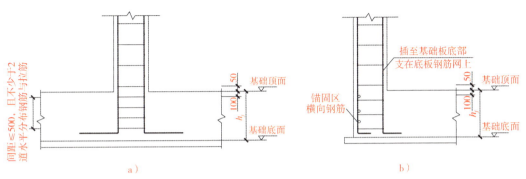

图 2-2-1 墙插钢筋在基础中锚固构造图

注：1. h_j 为基础底面至基础顶面的高度；对于带基础梁的基础时，h_j 为基础梁顶面至基础梁底面的高度。
2. 锚固区横向钢筋应满足直径 $\geq d/4$（d 为插筋最大直径），间距 $\leq 10d$（d 为插筋最小直径）且 $\leq 100\mathrm{mm}$ 的要求。

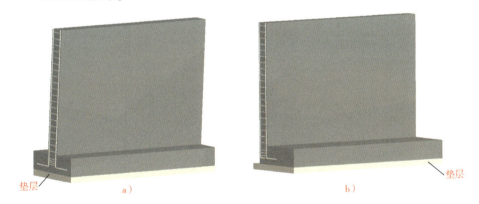

图 2-2-2 墙插钢筋在基础中锚固构造三维图

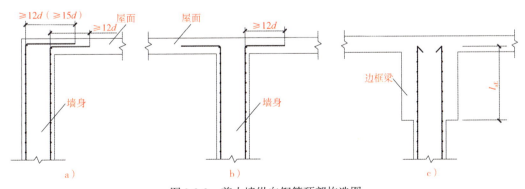

图 2-2-3 剪力墙纵向钢筋顶部构造图

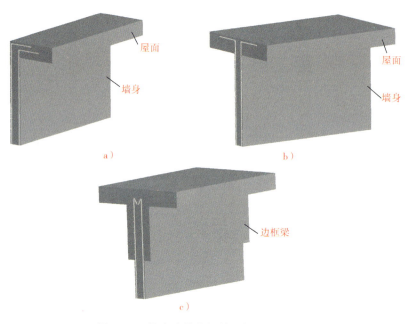

图 2-2-4　剪力墙纵向钢筋顶部构造三维图

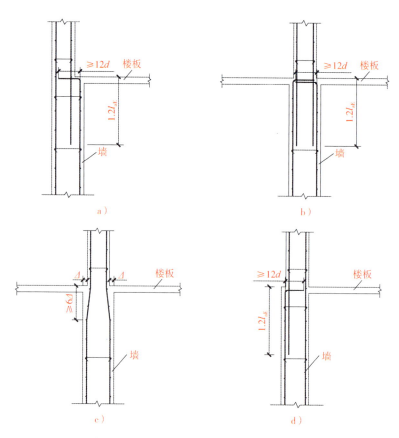

图 2-2-5　剪力墙变截面竖向分布钢筋构造图

图 2-2-6 竖向分布钢筋现场实例图

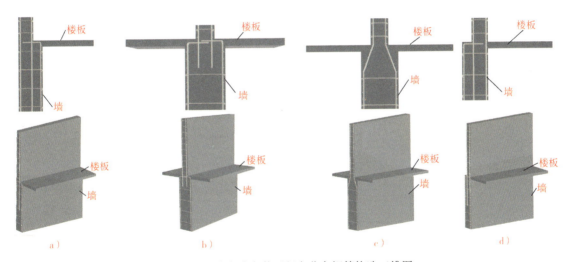

图 2-2-7 剪力墙变截面竖向分布钢筋构造三维图

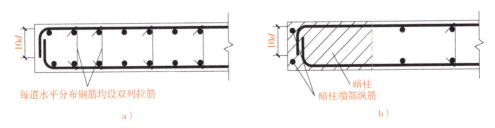

图 2-2-8 剪力墙端部水平钢筋构造图
a) 无暗柱时剪力墙水平钢筋构造 b) 有暗柱时剪力墙水平钢筋构造

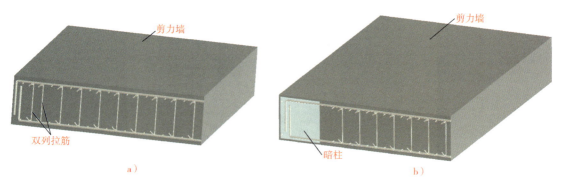

图 2-2-9　剪力墙端部水平钢筋构造三维图
a）无暗柱时剪力墙水平钢筋构造　b）有暗柱时剪力墙水平钢筋构造

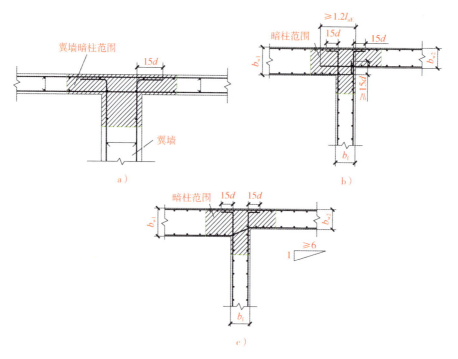

图 2-2-10　翼墙端部水平钢筋构造图

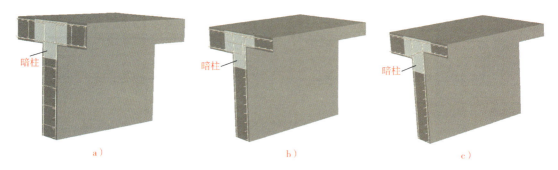

图 2-2-11　翼墙端部水平钢筋构造三维图

第二章 混凝土构造节点

图 2-2-12 钢筋绑扎现场实例图片

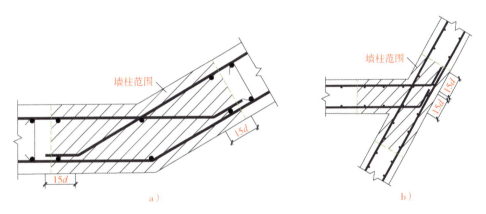

图 2-2-13 斜交墙端部水平钢筋构造图
a）斜交转角墙 b）斜交翼墙

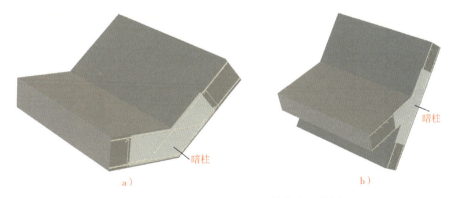

图 2-2-14 斜交墙端部水平钢筋构造三维图
a）斜交转角墙 b）斜交翼墙

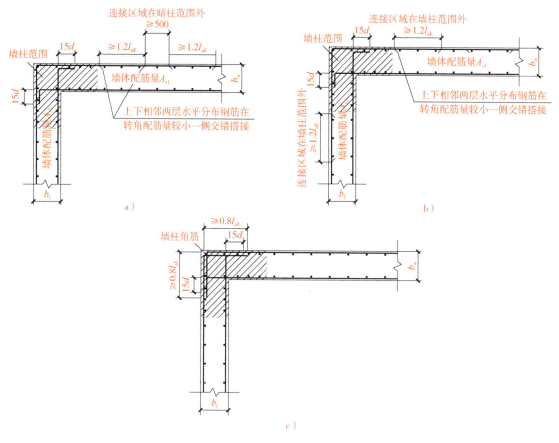

图 2-2-15 转角墙构造图
a) 外侧水平分布钢筋连续通过转弯，其中 $A_{s1} \leq A_{s2}$　b) 外侧水平分布钢筋连续通过转弯，其中 $A_{s1} = A_{s2}$
c) 外侧水平分布钢筋在转角处搭接

注：1. 剪力墙分布钢筋配置多于两排时，中间排水平分布钢筋端部构造同内侧钢筋。
  2. 水平分布筋宜均匀放置，竖向分布钢筋在保持相同配筋率条件下外排筋直径宜大于内排筋直径。

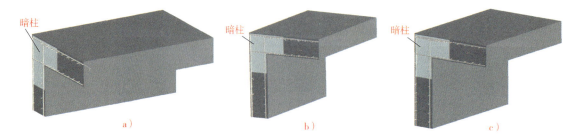

图 2-2-16 转角墙构造三维图
a) 外侧水平分布钢筋连续通过转弯，其中 $A_{s1} \leq A_{s2}$　b) 外侧水平分布钢筋连续通过转弯，其中 $A_{s1} = A_{s2}$
c) 外侧水平分布钢筋在转角处搭接

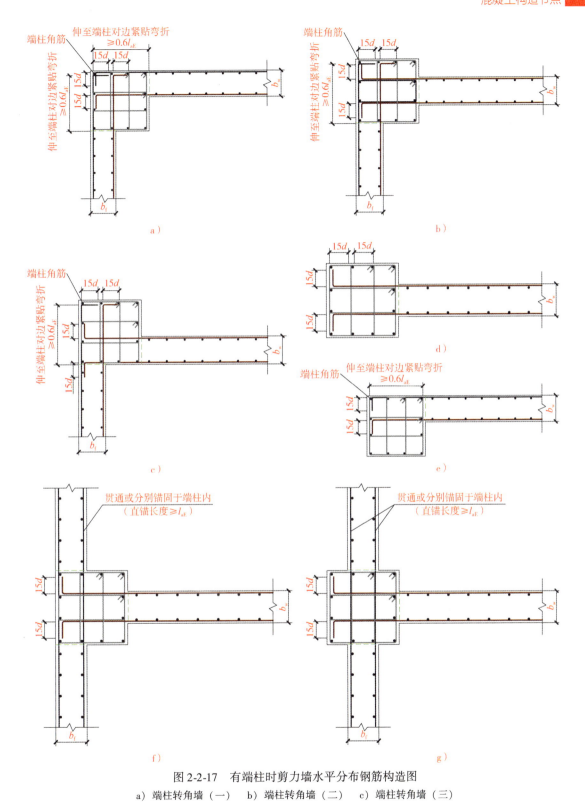

图 2-2-17 有端柱时剪力墙水平分布钢筋构造图
a）端柱转角墙（一） b）端柱转角墙（二） c）端柱转角墙（三）
d）端柱端部墙（一） e）端柱端部墙（二） f）端柱翼墙（一） g）端柱翼墙（二）

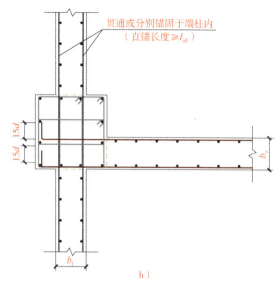

图 2-2-17 有端柱时剪力墙水平分布钢筋构造图（续）

h）端柱翼墙（三）

注：1. 位于柱端纵向钢筋内侧的墙水平分布钢筋伸入端柱的长度 $\geq l_{aE}$ 时，可直锚；弯锚时应伸至端柱对边后弯折 $15d$。

2. 剪力墙分布钢筋配置多于两排时，中间排水平分布钢筋端柱处构造与位于端柱内部的水平分布相同。

3. 当剪力墙水平分布筋向端柱外侧弯折所需尺寸不够时，也可向柱中心方向弯折。

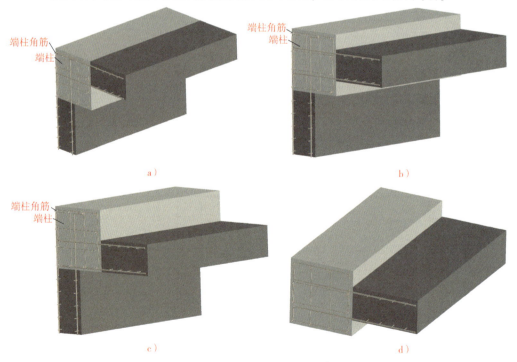

图 2-2-18 有端柱时剪力墙水平分布钢筋构造三维图

a）端柱转角墙（一） b）端柱转角墙（二） c）端柱转角墙（三） d）端柱端部墙（一）

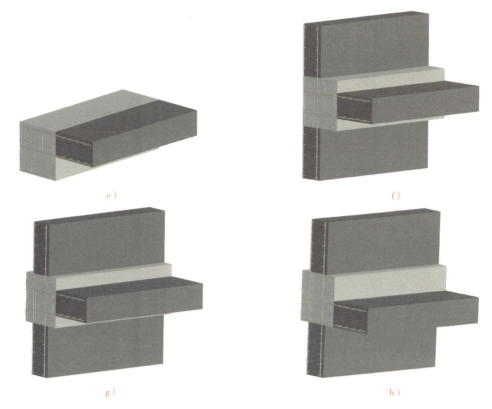

图 2-2-18 有端柱时剪力墙水平分布钢筋构造三维图（续）
e）端柱端部墙（二） f）端柱翼墙（一） g）端柱翼墙（二） h）端柱翼墙（三）

图 2-2-19 水平分布钢筋现场实例图

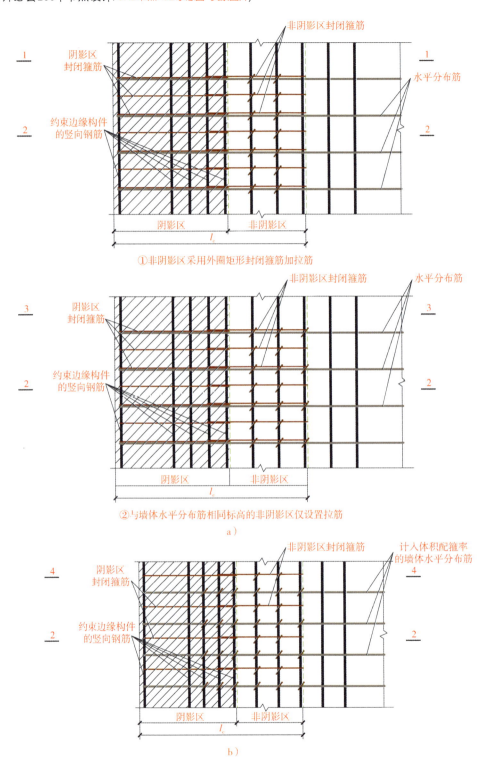

图 2-2-20　剪力墙约束边缘构件钢筋排布构造立面详图
a) 墙体水平分布筋不计入约束边缘构件体积配箍率　b) 墙体水平分布筋计入约束边缘构件体积配箍率

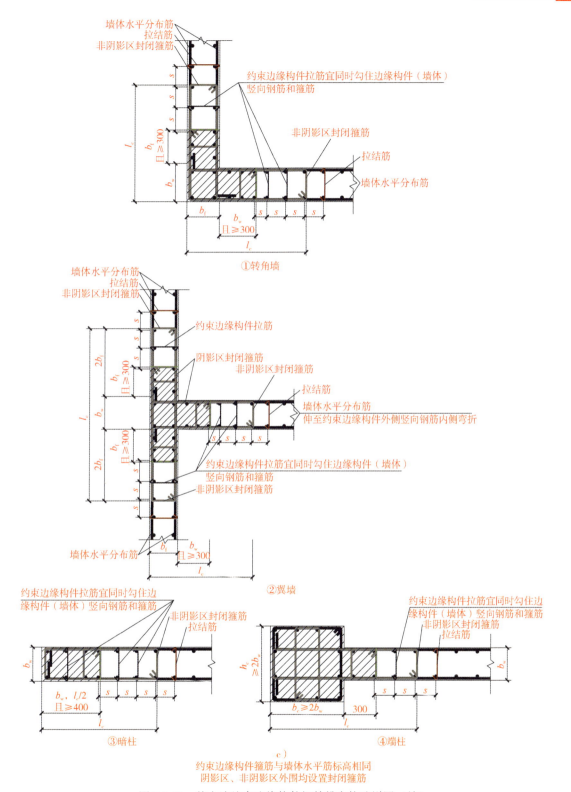

图 2-2-20 剪力墙约束边缘构件钢筋排布构造详图（续）
c）1-1 剖面

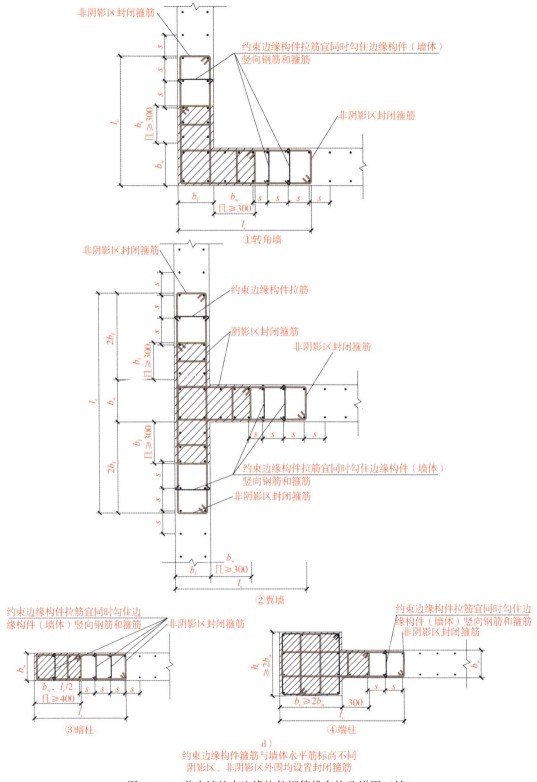

图 2-2-20 剪力墙约束边缘构件钢筋排布构造详图（续）

d）2-2 剖面

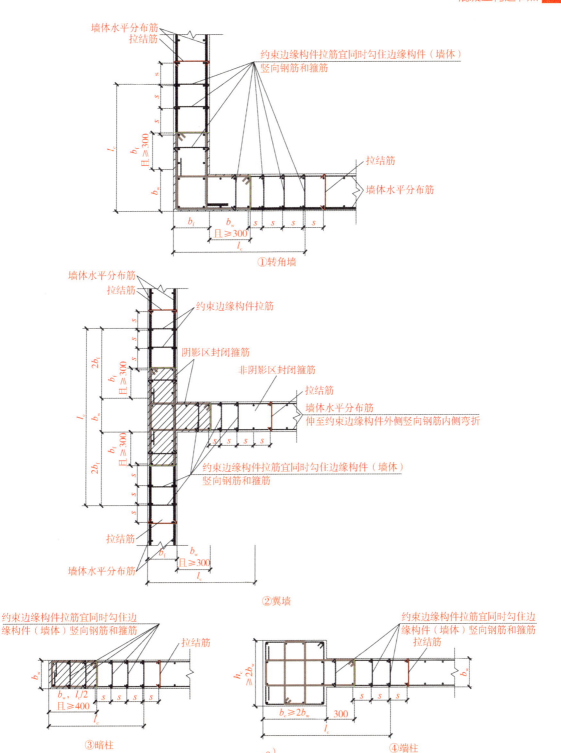

图 2-2-20 剪力墙约束边缘构件钢筋排布构造详图（续）
e) 3-3 剖面

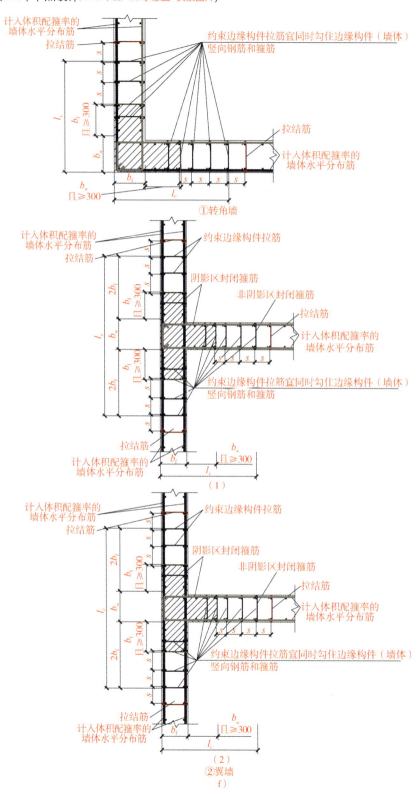

图 2-2-20 剪力墙约束边缘构件钢筋排布构造详图（续）
f) 4-4 剖面

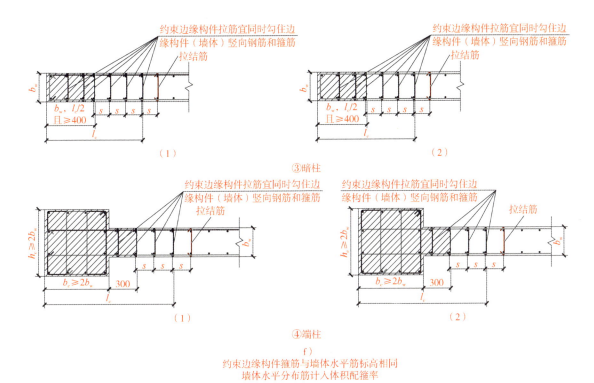

图 2-2-20 剪力墙约束边缘构件钢筋排布构造详图（续）

f) 4-4 剖面

注：1. 非阴影区封闭箍筋或拉筋的直径由设计指定，与阴影区相同时可不注；非阴影区拉筋或箍筋的竖向间距、构造做法同阴影区。
2. 当仅选择墙体水平分布筋约束边缘构件体积配筋率的构造做法时，计入的墙体水平分布钢筋不应大于总体体积配箍率的30%。
3. 施工钢筋排布时，剪力墙约束边缘构件的竖向钢筋外皮与剪力墙竖向分布筋外皮应位于同一垂直平面，边缘构件箍筋内皮与墙身水平分布筋内皮位于同一垂直面。
4. 非阴影区外围封闭箍筋沿墙厚方向的短肢应套在阴影区内第二列（从阴影区和非阴影区交界处算起）或更靠近墙端部的纵筋上，且不应套在阴影区和非阴影区交界处的阴影区纵筋上。位于阴影区内部的箍筋肢可计入阴影部分体积配箍率。
5. 剪力墙约束边缘构件（暗柱、翼墙、转角墙，不含端柱）沿墙肢长度 l_c 范围内，拉筋宜同时勾住竖向钢筋和箍筋。
6. 沿约束边缘构件外封闭箍筋周边，箍筋局部重叠不宜多于两层。
7. 施工安装绑扎时，边缘构件矩形封闭箍筋弯钩位置应沿纵向受力钢筋方向错开设置。
8. 剪力墙钢筋配置多于两排时，中间排水平分布筋端部构造同内侧水平分布筋。
9. 墙体水平分布筋伸入约束边缘构件，在墙的端竖向钢筋外侧90°水平弯折，然后延伸到对边并在端部做135°弯钩钩住竖向钢筋。弯折后平直段长度为10d（d 为水平分布钢筋直径）。
10. 采用U形钢筋与剪力墙水平分布钢筋搭接做法，U形钢筋的直径应不小于箍筋直径。

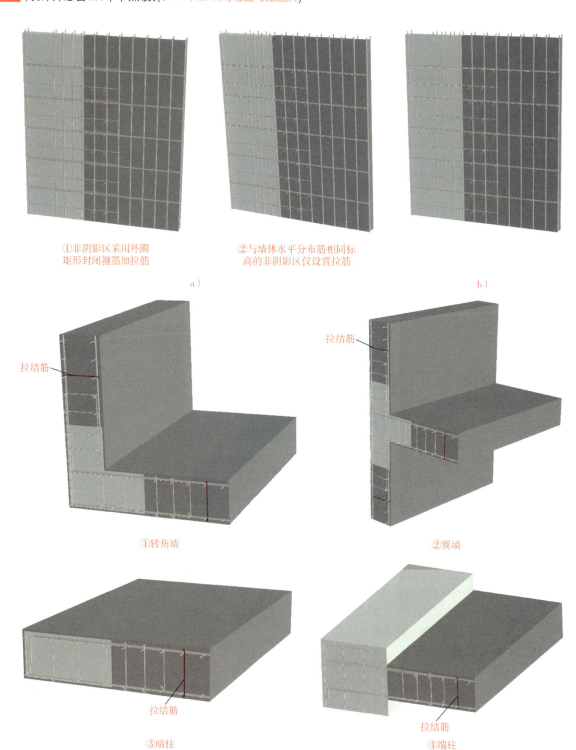

图 2-2-21 剪力墙约束边缘构件钢筋排布构造三维图
a) 墙体水平分布筋不计入约束边缘构件体积配箍率　b) 墙体水平分布筋计入约束边缘构件体积配箍率　c) 1-1 剖面

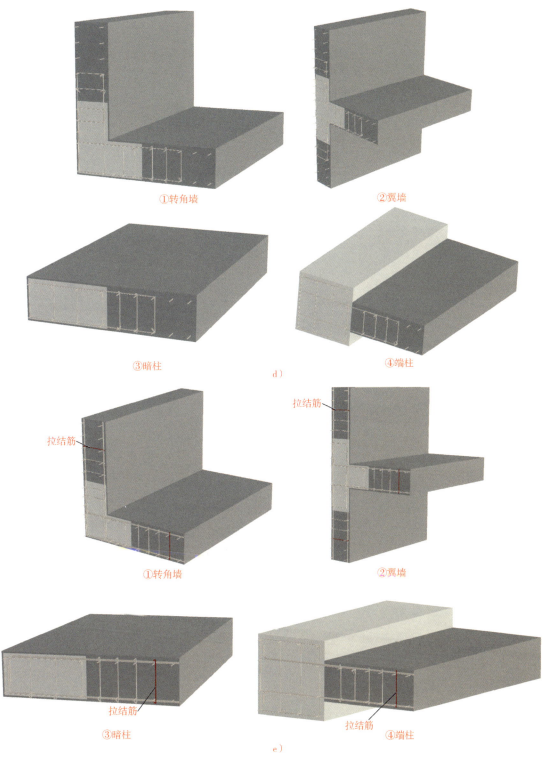

图 2-2-21 剪力墙约束边缘构件钢筋排布构造三维图（续）
d) 2-2 剖面　e) 3-3 剖面

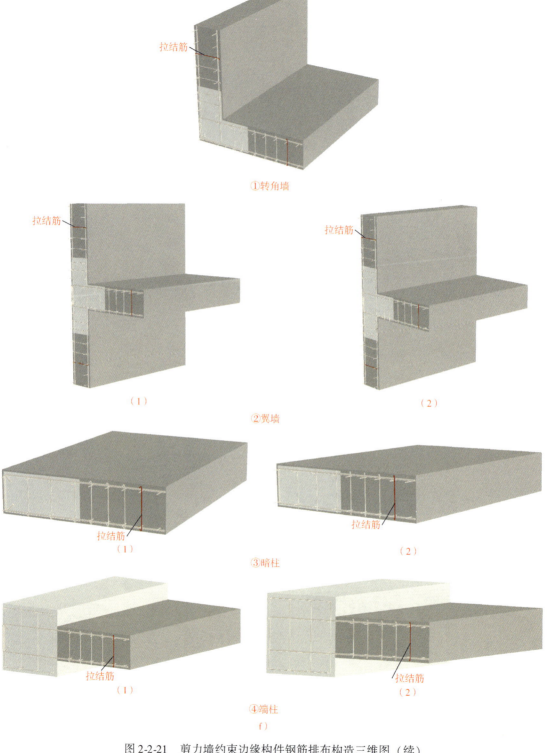

图 2-2-21 剪力墙约束边缘构件钢筋排布构造三维图（续）
f）4-4 剖面

图 2-2-22 剪力墙现场实例图

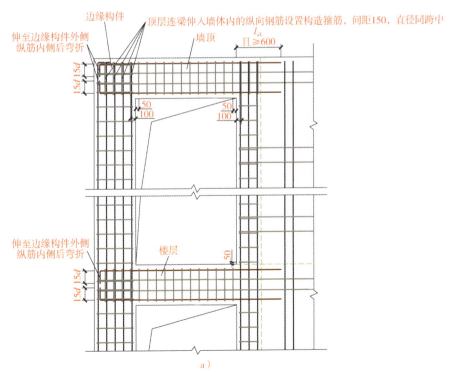

图 2-2-23 剪力墙连梁钢筋排布构造图
a）端部洞口连梁

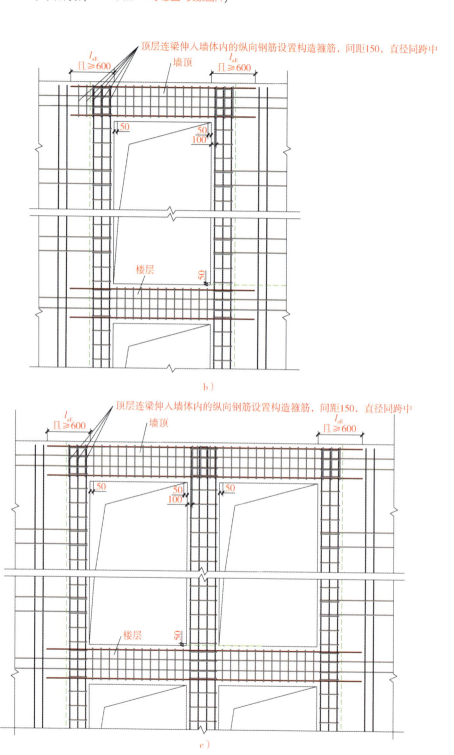

图 2-2-23 剪力墙连梁钢筋排布构造图（续）
b) 单洞口连梁　c) 双洞口连梁

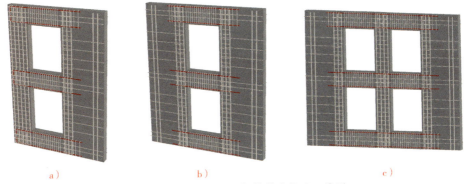

图 2-2-24　剪力墙连梁钢筋排布构造三维图

a）端部洞口连梁　b）单洞口连梁　c）双洞口连梁

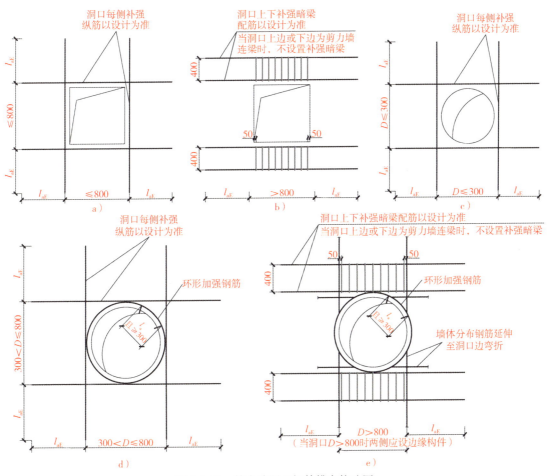

图 2-2-25　剪力墙洞口钢筋排布构造图

a）方洞，洞边尺寸均不大于 800mm　b）方洞，洞边尺寸大于 800mm　c）圆洞，洞边尺寸 D 不大于 300mm
d）圆洞，洞边尺寸 D 大于 300mm 但不大于 800mm　e）圆洞，洞边尺寸 D 大于 800mm

注：1. 洞口补强钢筋配置以设计为准，特殊情况以设计要求为准。
　　2. 补强纵向钢筋应按圆心并且沿剪力墙中轴线两侧对称排布。

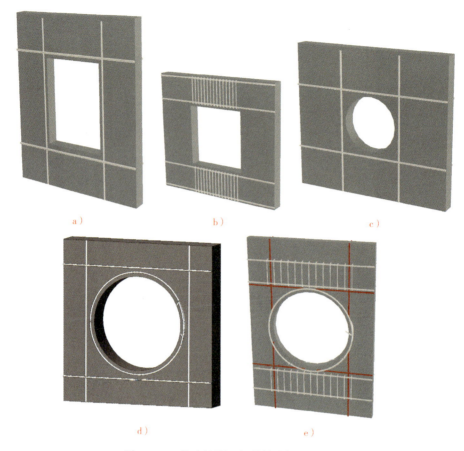

图 2-2-26　剪力墙洞口钢筋排布构造三维图

a）方洞，洞边尺寸均不大于 800mm　b）方洞，洞边尺寸大于 800mm　c）圆洞，洞边尺寸 D 不大于 300mm
d）圆洞，洞边尺寸 D 大于 300mm 但不大于 800mm　e）圆洞，洞边尺寸 D 大于 800mm

说明：

（1）当设计与施工规范、施工图集要求不同时，应与设计沟通确认，并办理相应变更手续。

（2）钢筋具体锚固形式可按照《混凝土结构施工图平面整体表示方法制图规则和构造详图》（16G101）的要求。

（3）剪力墙端部水平钢筋应伸至对边 $10d$ 直拐，施工时应注意控制水平钢筋伸至对边竖筋内侧。

（4）翼墙端部水平钢筋应伸至对边 $15d$ 直拐，施工时应注意控制水平钢筋伸至对边竖筋内侧，转角墙外侧水平筋应连续通过转弯。

（5）斜交墙端部水平钢筋应伸至对边 $15d$ 直拐，施工时应注意控制水平钢筋伸至对边竖筋内侧，转角墙外侧水平筋应连续通过转弯。

（6）转角墙端部水平钢筋应伸至对边 $15d$ 直拐，施工时应注意控制水平钢筋伸至对边竖筋内侧，转角墙外侧水平筋应连续通过转弯。

第三节 梁构造节点

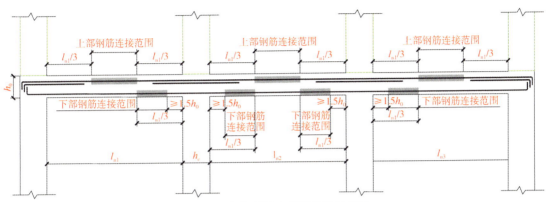

图 2-3-1 框架梁纵向钢筋连接示意图

注：1. 跨度值 l_{ni} 为净跨度长度，l_n 为支座处左跨 l_{ni} 和右跨 l_{ni+1} 之较大值，其中 $i = 1、2、3……$
2. 框架梁上部通长钢筋与非贯通钢筋直径相同时，纵筋连接位置宜位于跨中 $l_{ni}/3$ 范围内。
3. 框架梁上部第二排通长钢筋从支座边伸出至 $l_n/4$ 位置处。
4. 框架梁下部钢筋宜贯穿节点或支座，可延伸至相邻跨内箍筋加密区以外搭接连接，连接位置宜位于支座 $l_{ni}/3$ 范围内，且距离支座外边缘不应小于 $1.5h_0$。
5. 框架梁下部纵向钢筋应尽量避免在中柱内锚固，宜本着"能通则通"的原则来保证节点核心区混凝土的浇筑质量。
6. 框架梁纵向受力钢筋连接位置宜避开梁端箍筋加密区，如必须在此连接，应采用机械连接或焊接。
7. 在连接范围内相邻纵向钢筋连接接头应互相错开，且位于同一连接区段内纵向钢筋接头面积百分率不宜大于50%。
8. 梁的同一根纵筋在同一跨内设置连接接头不得多于1个。悬臂梁的纵筋不得设置连接接头。
9. 具体工程，梁纵筋连接方式以设计要求为准。
10. 机械连接和焊接接头的类型及质量应符合国家现行有关标准规定。

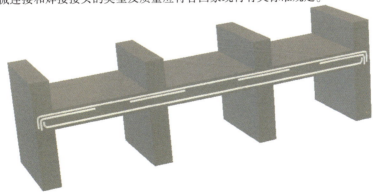

图 2-3-2 框架梁纵向钢筋连接三维图

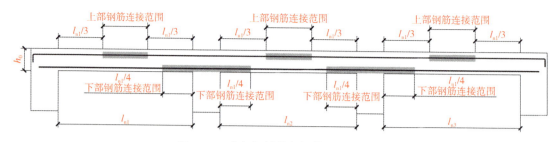

图 2-3-3　非框架梁纵向钢筋连接示意图

注：1. 跨度值 l_{ni} 为净跨度长度，l_n 为支座处左跨 l_{ni} 和右跨 l_{ni+1} 之较大值，其中 $i = 1、2、3……$
2. 当非框架梁上部设置通长钢筋时，连接位置宜位于跨中 $l_{ni}/3$ 范围内；梁下部钢筋连接位置宜位于支座 $l_{ni}/4$ 范围内。
3. 梁下部纵筋不伸入支座的做法由设计确认后方可采用。
4. 在连接范围内相邻纵向钢筋连接接头应互相错开，且位于同一连接区段内纵向钢筋接头面积百分率不宜大于 50%。
5. 梁的同一根纵筋在同一跨内设置连接接头不得多于 1 个。悬臂梁的纵筋不得设置连接接头。
6. 具体工程，梁纵筋连接方式以设计要求为准。
7. 机械连接和焊接接头的类型及质量应符合国家现行有关标准规定。

图 2-3-4　非框架梁纵向钢筋连接三维图

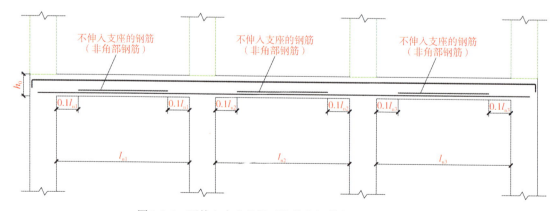

图 2-3-5　不伸入支座的梁下部纵向钢筋断点位置示意图

注：1. 跨度值 l_{ni} 为净跨度长度，l_n 为支座处左跨 l_{ni} 和右跨 l_{ni+1} 之较大值，其中 $i = 1、2、3……$

2. 当非框架梁上部设置通长钢筋时，连接位置宜位于跨中 $l_{ni}/3$ 范围内；梁下部钢筋连接位置宜位于支座 $l_{ni}/4$ 范围内。
3. 梁下部纵筋不伸入支座的做法由设计确认后方可采用。
4. 在连接范围内相邻纵向钢筋连接接头应互相错开，且位于同一连接区段内纵向钢筋接头面积百分率不宜大于 50%。
5. 梁的同一根纵筋在同一跨内设置连接接头不得多于 1 个。悬臂梁的纵筋不得设置连接接头。
6. 具体工程，梁纵筋连接方式以设计要求为准。
7. 机械连接和焊接接头的类型及质量应符合国家现行有关标准规定。

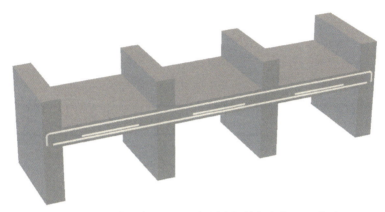

图 2-3-6　不伸入支座的梁下部纵向钢筋断点位置三维图

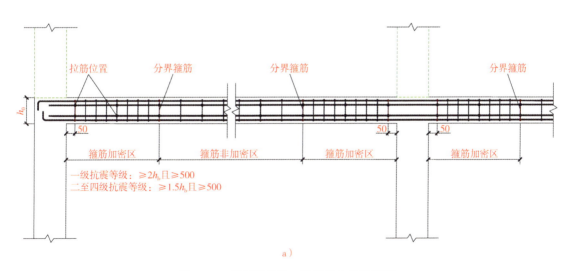

a）

图 2-3-7　框架梁箍筋、拉筋排布构造详图
a）框架梁箍筋、拉筋排布构造详图（一）

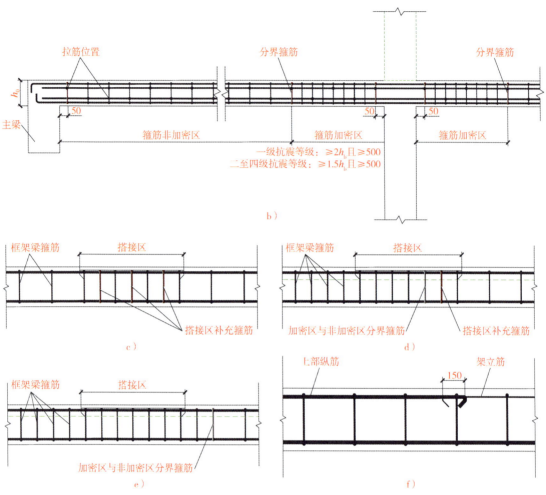

图 2-3-7　框架梁箍筋、拉筋排布构造详图（续）
b）框架梁箍筋、拉筋排布构造详图（二）
c）纵筋搭接区箍筋排布构造详图（一）　d）纵筋搭接区箍筋排布构造详图（二）
e）纵筋搭接区箍筋排布构造详图（三）　f）架立筋与纵筋构造搭接

注：1. 在不同配置要求的箍筋区域分界处应设置一道分界箍筋，分界箍筋应按相邻区域配置要求较高的箍筋配置。
2. 梁端第一道箍筋距柱支座边缘为50mm。
3. 梁两侧腰筋用拉筋联系，拉筋可同时勾住外圈封闭箍筋和腰筋，也可紧靠箍筋并勾住腰筋。梁宽≤350mm时，拉筋直径为6mm；梁宽>350mm时，拉筋直径为8mm。拉筋间距为非加密区箍筋间距的2倍。
4. 弧形梁箍筋加密区范围按梁宽中心线展开计算，箍筋间距按梁凸面度量。
5. 搭接区内的箍筋直径不应小于$d/4$（d为搭接钢筋的最大直径），间距不应大于100mm及$5d$（d为钢筋的最小直径）。当框架梁原有箍筋不满足此要求时，需在搭接区补充箍筋。
6. 梁箍筋加密区的设置、纵筋搭接区箍筋的配置应以设计要求为准。
7. 纵筋搭接区范围的补充箍筋可采用开口箍筋或封闭箍筋。封闭箍筋的弯钩设置同框架梁箍筋，开口箍筋的开口方向不应设在纵筋的搭接位置处。

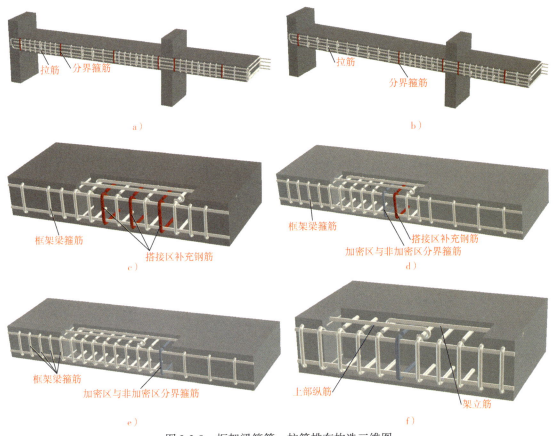

图 2-3-8 框架梁箍筋、拉筋排布构造三维图
a）框架梁箍筋、拉筋排布构造三维图（一） b）框架梁箍筋、拉筋排布构造三维图（二）
c）纵筋搭接区箍筋排布构造三维图（一） d）纵筋搭接区箍筋排布构造三维图（二）
e）纵筋搭接区箍筋排布构造三维图（三） f）架立筋与纵筋构造搭接三维图

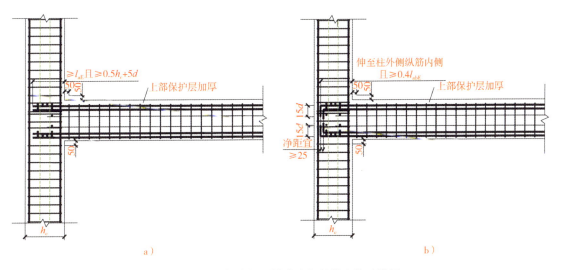

图 2-3-9 框架中间层端节点钢筋排布构造详图
a）梁纵筋在支座处直锚构造图 b）梁纵筋在支座处弯锚（弯折段未重叠）构造详图

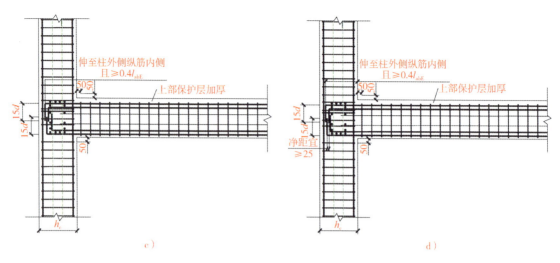

图 2-3-9　框架中间层端节点钢筋排布构造详图（续）
c）梁纵筋在支座处弯锚（弯折段重叠，均不贴靠）构造详图
d）梁纵筋在支座处弯锚（弯折段重叠，内外排不贴靠）构造详图

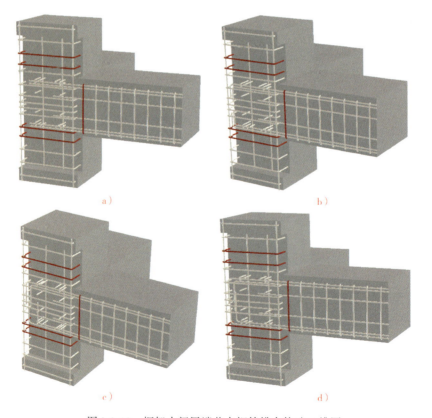

图 2-3-10　框架中间层端节点钢筋排布构造三维图
a）梁纵筋在支座处直锚构造三维图　b）梁纵筋在支座处弯锚（弯折段未重叠）构造三维图
c）梁纵筋在支座处弯锚（弯折段重叠，均不贴靠）构造三维图
d）梁纵筋在支座处弯锚（弯折段重叠，内外排不贴靠）构造三维图

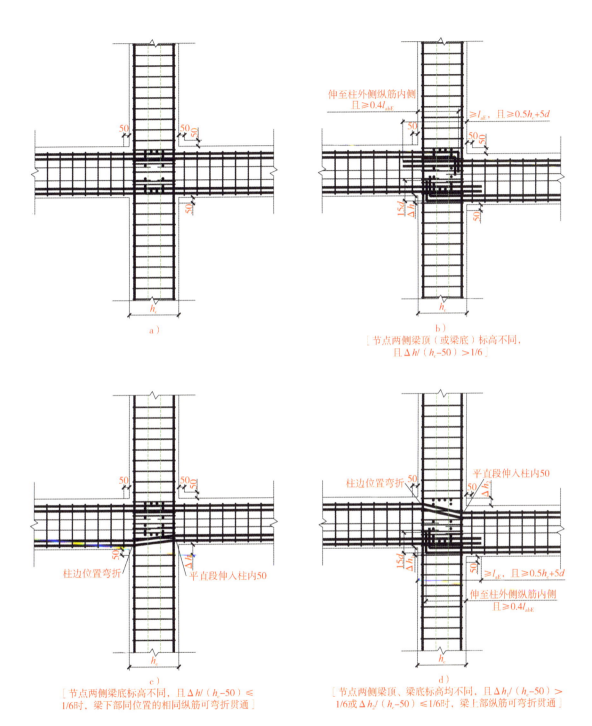

图 2-3-11 框架中间层中间节点钢筋排布构造详图
a) 框架中间层中间节点构造详图（一） b) 框架中间层中间节点构造详图（二）
c) 框架中间层中间节点构造详图（三） d) 框架中间层中间节点构造详图（四）

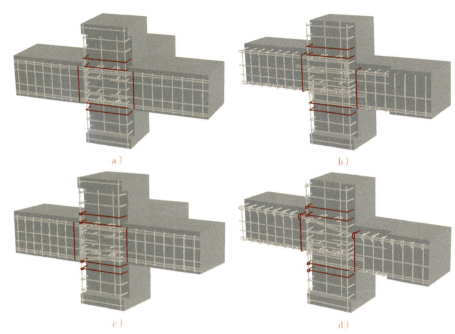

图 2-3-12　框架中间层中间节点钢筋排布构造三维图
a）框架中间层中间节点构造三维图（一）　b）框架中间层中间节点构造三维图（二）
c）框架中间层中间节点构造三维图（三）　d）框架中间层中间节点构造三维图（四）

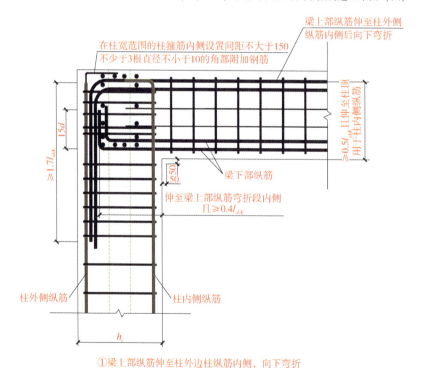

①梁上部纵筋伸至柱外边柱纵筋内侧，向下弯折

a）

图 2-3-13　框架顶层端节点钢筋排布构造详图
a）框架顶层端节点构造详图（一）

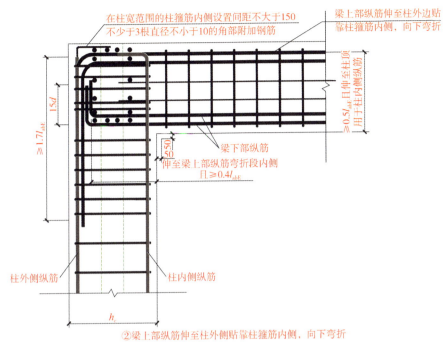

a)
[柱顶外侧搭接方式（梁上部纵筋配筋率≤1.2%）]

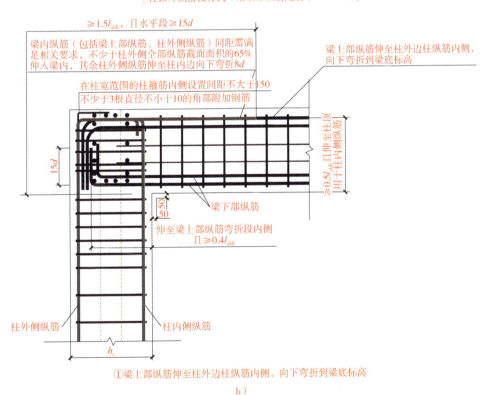

b)

图 2-3-13　框架顶层端节点钢筋排布构造详图（续）
a) 框架顶层端节点构造详图（一）　　b) 框架顶层端节点构造详图（二）

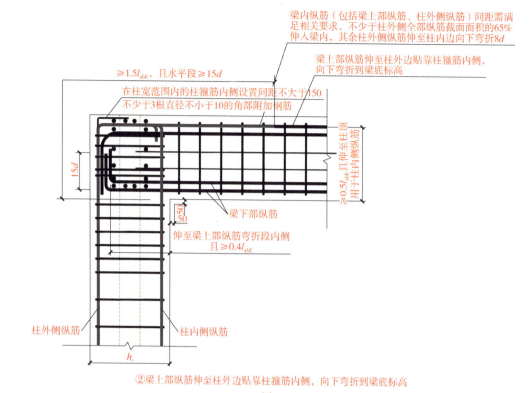

② 梁上部纵筋伸至柱外边贴靠柱箍筋内侧，向下弯折到梁底标高
b)
[梁端及顶部搭接方式（柱外侧纵筋配筋率≤1.2%），梁宽范围以外的柱外侧纵筋伸至柱内边向下弯折8d]

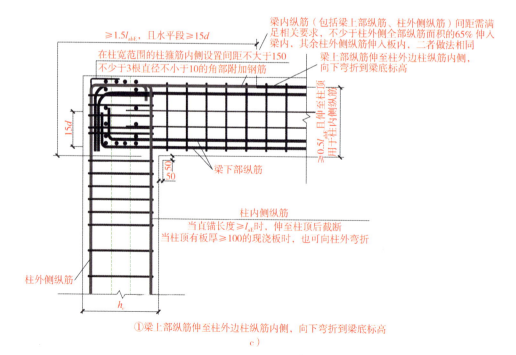

① 梁上部纵筋伸至柱外边柱纵筋内侧，向下弯折到梁底标高
c)

图 2-3-13 框架顶层端节点钢筋排布构造详图（续）
b) 框架顶层端节点构造详图（二） c) 框架顶层端节点构造详图（三）

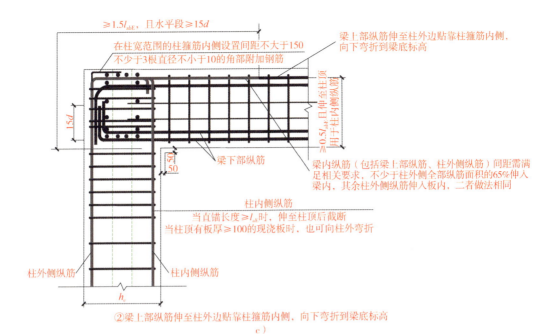

〔梁端及顶部搭接方式（柱外侧纵筋配筋率≤1.2%），柱顶现浇板厚≥100 mm，梁宽范围以外的柱外侧纵筋可伸入柱内板内〕

图 2-3-13 框架顶层端节点钢筋排布构造详图（续）
c) 框架顶层端节点构造详图（三）

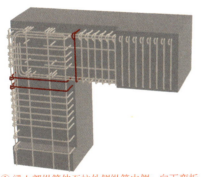
① 梁上部纵筋伸至柱外侧纵筋内侧，向下弯折

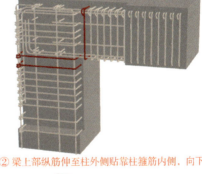
② 梁上部纵筋伸至柱外侧贴靠柱箍筋内侧，向下弯折

a)

① 梁上部纵筋伸至柱外侧纵筋内侧，向下弯折到梁底标高

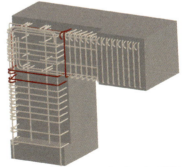
② 梁上部纵筋伸至柱外边贴靠柱箍筋内侧，向下弯折到梁底标高

b)

图 2-3-14 框架顶层端节点钢筋排布构造三维
a) 框架顶层端节点构造三维图（一） b) 框架顶层端节点构造三维图（二）

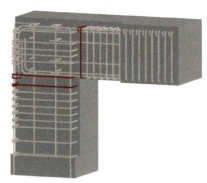

① 梁上部纵筋伸至柱外侧纵筋内侧，向下弯折到梁底标高　② 梁上部纵筋伸至柱外边贴靠柱箍筋内侧，向下弯折到梁底标高

图 2-3-14　框架顶层端节点钢筋排布构造三维（续）
c) 框架顶层端节点构造三维图（三）

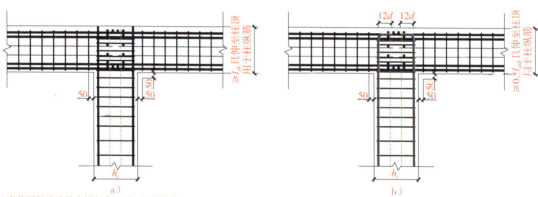

a)（当截面尺寸满足直锚长度l_{aE}时，柱纵筋伸至柱顶直锚）　　b)（当截面尺寸不满足直锚长度l_{aE}时，柱纵筋伸至柱顶向节点内弯折）

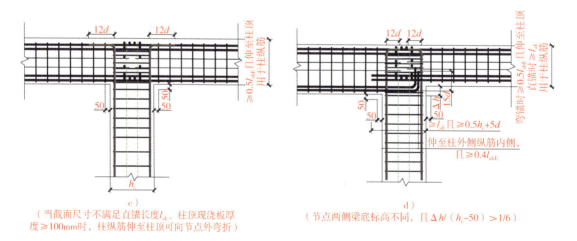

c)（当截面尺寸不满足直锚长度l_{aE}，柱顶现浇板厚度≥100mm时，柱纵筋伸至柱顶可向节点外弯折）　　d)（节点两侧梁底标高不同，且$\Delta h/(h_c-50)>1/6$）

图 2-3-15　框架顶层中间节点钢筋排布构造详图
a) 框架顶层中间节点构造详图（一）　b) 框架顶层中间节点构造详图（二）
c) 框架顶层中间节点构造详图（三）　d) 框架顶层中间节点构造详图（四）

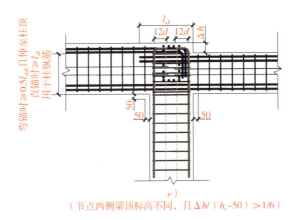

e)
(节点两侧梁顶标高不同,且$\Delta h/(h_c-50)>1/6$)

图 2-3-15 框架顶层中间节点钢筋排布构造详图(续)
e) 框架顶层中间节点构造详图(五)

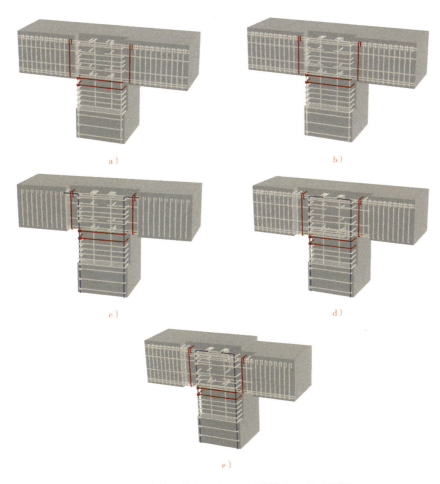

图 2-3-16 框架顶层中间节点钢筋排布构造三维图
a) 框架顶层中间节点构造三维图(一) b) 框架顶层中间节点构造三维图(二)
c) 框架顶层中间节点构造三维图(三) d) 框架顶层中间节点构造三维图(四)
e) 框架顶层中间节点构造三维图(五)

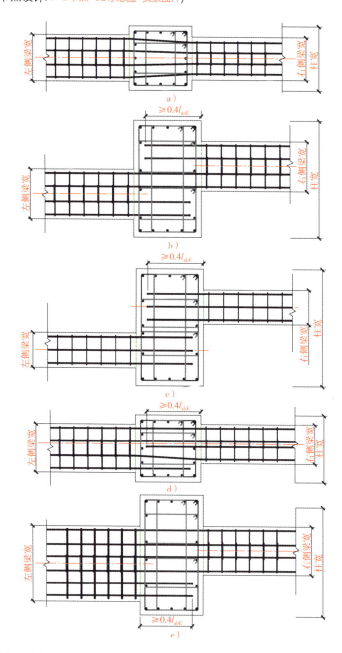

图 2-3-17 中间层中间支座两侧框架梁宽度不同或梁中心线不在同一直线时钢筋排布构造详图
  a) 支座两侧框架梁宽度不同中轴线相同时纵筋排布构造详图
  b) 支座两侧框架梁宽度不同且部分位置错开时纵筋排布构造详图
  c) 支座两侧框架梁宽度不同且位置脱离时纵筋排布构造详图
  d) 支座两侧框架梁一侧梁边平齐时纵筋排布构造详图（一）
  e) 支座两侧框架梁一侧梁边平齐时纵筋排布构造详图（二）

注：中间层中间支座两侧框架梁的宽度不同或梁中心线不在同一直线时；可将支座两端同一位置或位置接近的纵筋，选用强度和直径较大者直通或弯折斜度小于 1/6 的方式贯通布置；当弯折斜度大于 1/6 时，宜各自锚固在支座内。

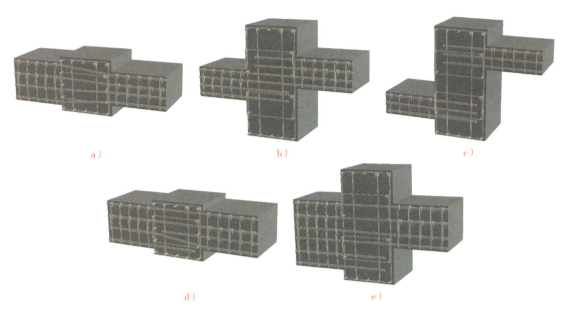

图 2-3-18　中间层中间支座两侧框架梁宽度不同或梁中心线不在同一直线时钢筋排布构造三维图
    a）支座两侧框架梁宽度不同中轴线相同时纵筋排布构造三维图
    b）支座两侧框架梁宽度不同且部分位置错开时纵筋排布构造三维图
    c）支座两侧框架梁宽度不同且位置脱离时纵筋排布构造三维图
    d）支座两侧框架梁一侧梁边平齐时纵筋排布构造三维图（一）
    e）支座两侧框架梁一侧梁边平齐时纵筋排布构造三维图（二）

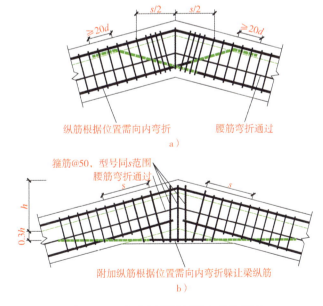

图 2-3-19　竖向折梁钢筋排布构造详图
    a）竖向折梁钢筋排布构造详图（一）　b）竖向折梁钢筋排布构造详图（二）

注：1. s 范围及箍筋具体由设计指定。
    2. 图 2-3-19 中虚线纵筋表示钢筋平面外弯折，用于同排钢筋互相弯折躲让。

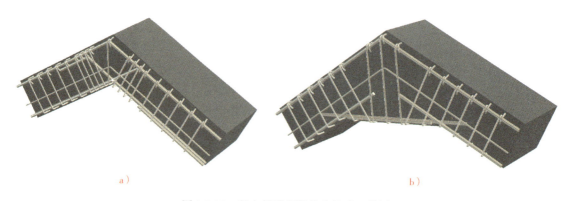

图 2-3-20　竖向折梁钢筋排布构造三维图
a）竖向折梁钢筋排布构造三维图（一）
b）竖向折梁钢筋排布构造三维图（二）

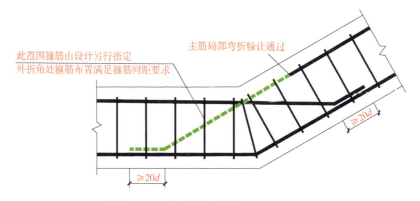

图 2-3-21　水平折梁钢筋排布构造详图

注：图 2-3-21 中虚线纵筋表示钢筋平面外弯折，用于同排钢筋互相弯折躲让。

图 2-3-22　水平折梁钢筋排布构造三维图

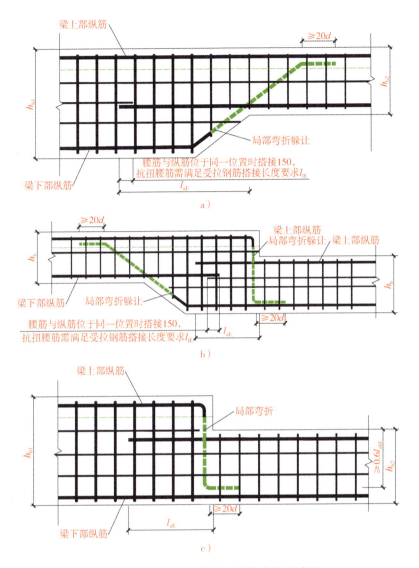

图 2-3-23 变截面框架梁钢筋排布构造详图

注：图 2-3-23 中虚线纵筋表示钢筋平面外弯折，用于同排钢筋互相弯折躲让。

图 2-3-24 变截面框架梁钢筋排布构造三维图

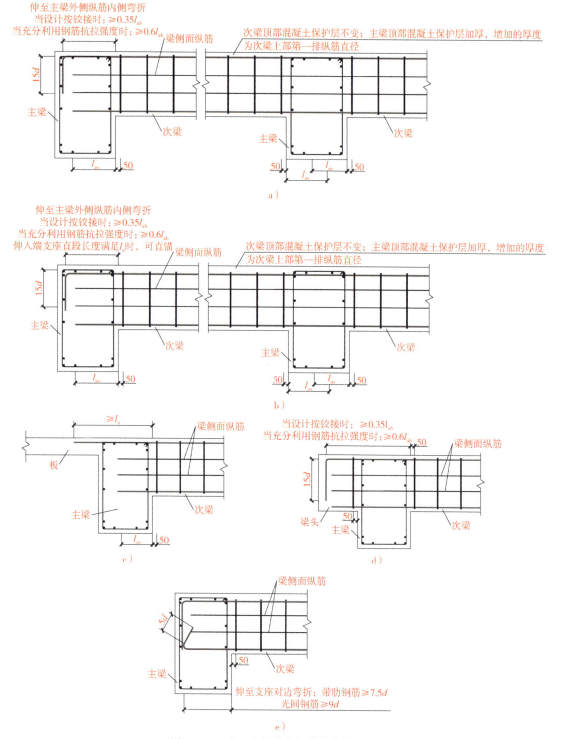

图 2-3-25 主、次梁节点钢筋排布构造详图

a) 次梁上部纵筋置于主梁上部纵筋之上 b) 次梁上部纵筋置于主梁上部纵筋之下 c) 次梁端支座上部纵筋锚固在板内
d) 次梁端支座上部纵筋锚固至梁头 e) 用于下部纵筋伸入边支座长度不满足直锚 l_{as} 要求时

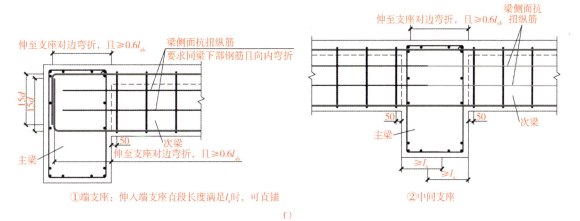

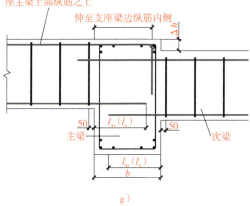

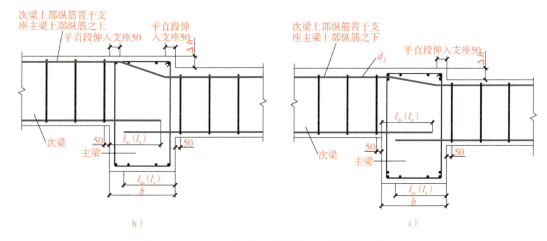

图 2-3-25　主、次梁节点钢筋排布构造详图（续）

f) 用于次梁受扭情况　g) 排布位置冲突时

h) $\Delta h/(b-100) \leq 1/6$ 时，次梁上部纵筋可连续贯通

i) $(\Delta h - d_{上})/(b-50) \leq 1/6$ 时，次梁上部纵筋可连续贯通

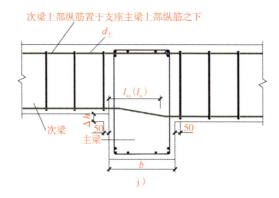

图 2-3-25　主、次梁节点钢筋排布构造详图（续）

k）$\Delta h/b \leqslant 1/6$ 时，次梁下部同位置的相同纵筋可连续贯通

注：1. 次梁下部纵筋伸入支座锚长度 l_{as} 按设计指定，如设计无特殊说明，带肋钢筋为 $12d$，光圆钢筋为 $15d$（末端180°弯钩）。
2. 当主、次梁顶部标高相同时，主梁上部纵筋与次梁上部纵筋的上、下位置关系应根据楼层施工钢筋整体排布方案并由设计确认。当主、次梁底部标高相同时，次梁下部纵筋应置于主梁下部纵筋之上。
3. 次梁下部纵筋可在中间支座锚固或贯通。
4. 梁侧面构造纵筋的搭接与锚固长度可取 $15d$。梁侧面受扭纵筋搭接长度为 l_{lE} 或 l_l，其锚固长度为 l_{aE} 或 l_a，锚固方式同框架梁下部纵筋。
5. 当次梁纵筋兼做温度应力筋时，梁下部钢筋锚入支座长度由设计确定。
6. 弧形次梁的箍筋间距沿梁凸面线度量。
7. 当支座宽度不满足上部纵筋平直段长度 $0.6l_{ab}$ 或 $0.35l_{ab}$ 时，宜与设计协商在保证计算要求的前提下对上部纵筋直径进行调整。
8. 当支座宽度不满足下部纵筋直锚长度 l_{as} 时，宜在保证计算要求的前提下，对下部纵筋直径进行调整。
9. 当次梁纵筋（不包括侧面 G 打头的构造筋及架立筋）采用绑扎搭接长时，搭接区内的箍筋直径不小于 $d/4$（d 为搭接钢筋的最大直径），间距不应大于100mm 及 $5d$（d 为钢筋的最小直径）。

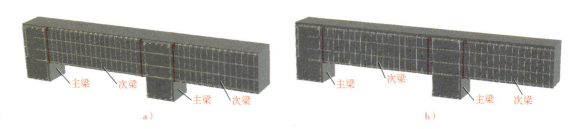

图 2-3-26　主、次梁节点钢筋排布构造三维图
a）次梁上部纵筋置于主梁上部纵筋之上　b）次梁上部纵筋置于主梁上部纵筋之下

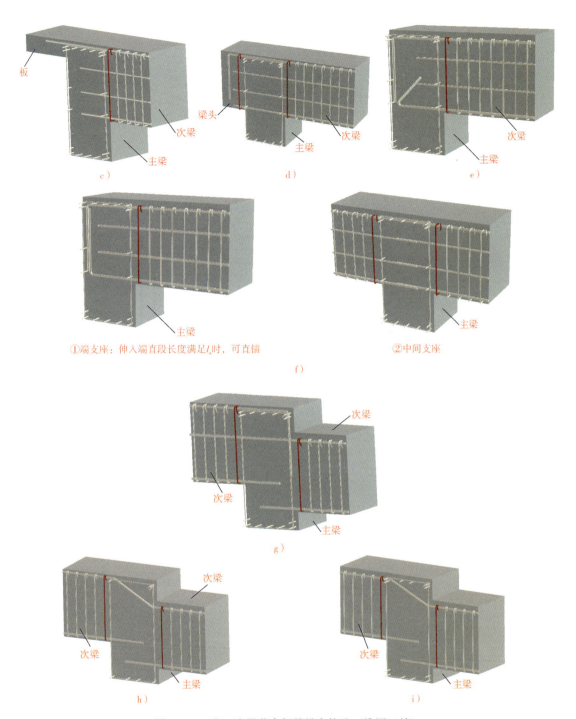

图 2-3-26 主、次梁节点钢筋排布构造三维图（续）
c）次梁端支座上部纵筋锚固在板内　d）次梁端支座上部纵筋锚固至梁头
e）用于下部纵筋伸入边支座长度不满足直锚 l_{as} 要求时　f）用于次梁受扭情况　g）排布位置冲突时
h）$\Delta h/(b-100) \leqslant 1/6$ 时，次梁上部纵筋可连续贯通
i）$(\Delta h - d_{上})/(b-50) \leqslant 1/6$ 时，次梁上部纵筋可连续贯通

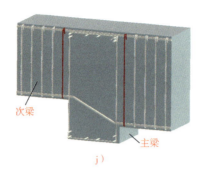

图 2-3-26　主、次梁节点钢筋排布构造三维图（续）

j） $\Delta h/b \leq 1/6$ 时，次梁下部同位置的相同纵筋可连续贯通

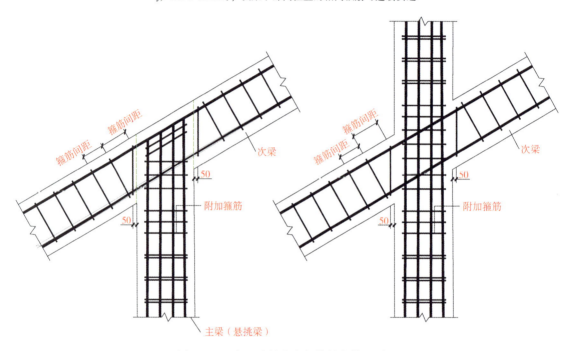

图 2-3-27　主、次梁节点钢筋排布构造详图

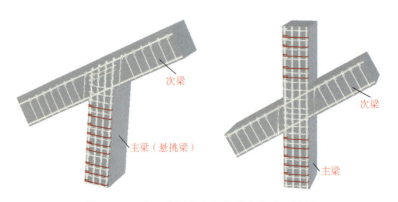

图 2-3-28　主、次梁节点钢筋排布构造三维图

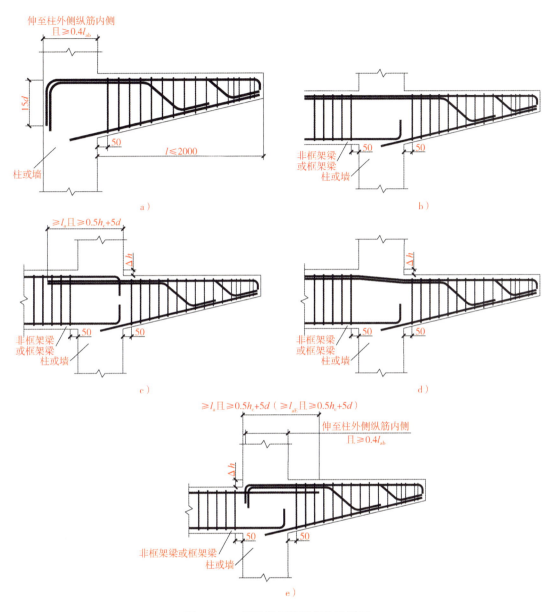

图 2-3-29 悬挑梁钢筋排布构造详图

a) 纯悬挑梁　b) 梁顶标高与悬挑梁梁顶标高相同可用于中间层或顶层

c) $\Delta h/(h_c-50)>1/6$ 时，仅用于中间层

d) $\Delta h/(h_c-50)\leqslant 1/6$ 时，上部纵筋连续布置且仅用于中间层

e) $\Delta h/(h_c-50)>1/6$ 时，仅用于中间层

注：1. 当悬挑梁考虑竖向地震作用时，应由设计明确。
2. 当梁上部设有第三排钢筋时，其伸出长度应由设计标明。
3. 括号内数值均用于框架梁。

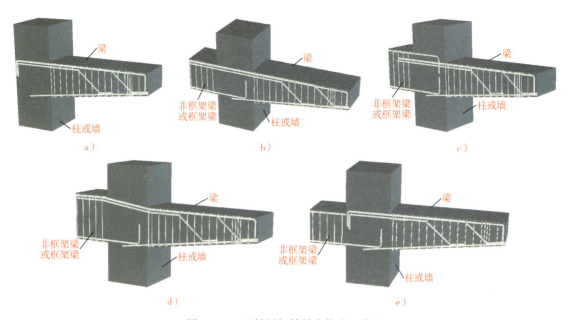

图 2-3-30 悬挑梁钢筋排布构造三维图

a) 纯悬挑梁　b) 梁顶标高与悬挑梁梁顶标高相同可用于中间层或顶层
c) $\Delta h/(h_c-50)>1/6$ 时，仅用于中间层　d) $\Delta h/(h_c-50)\leq 1/6$ 时，上部纵筋连续布置且仅用于中间层
e) $\Delta h/(h_c-50)>1/6$ 时，仅用于中间层

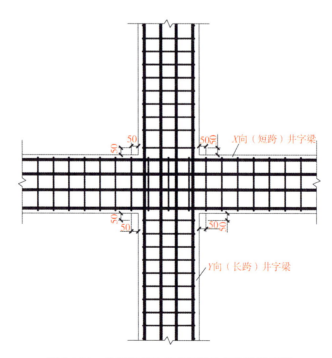

图 2-3-31 井字梁交叉节点钢筋排布构造示意图

注：1. 当设计无具体说明时，井字梁上、下部纵筋均为短跨在下，长跨在上。短跨梁箍筋在相交范围内通长设置。

2. 纵筋在端支座应伸至主梁外侧纵筋内侧后弯折，当直段长度不小于 l_a 时可不弯折。
3. 井字梁支座上部钢筋锚固和外伸长度的具体数值、梁的几何尺寸与配筋数值应根据具体工程而定。
4. 当梁上部有通长钢筋时，连接位置宜位于跨中 $l_{ni}/3$ 范围内，梁下部钢筋连接位置宜位于支座 $l_{ni}/4$ 范围内，且在同一连接区段内钢筋接头面积百分率不宜大于50%。

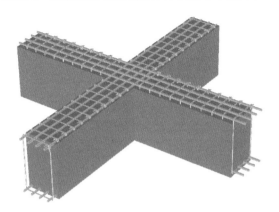

图 2-3-32　井字梁交叉节点钢筋排布构造三维图

说明：

（1）当梁箍筋为双肢箍时，梁上部纵筋、下部纵筋及箍筋的排布无关联，各自独立排布；当梁箍筋为符合箍时，梁上部纵筋、下部纵筋及箍筋的排布有关联，钢筋排布应按以下规则综合考虑：

1）梁上部纵筋、下部纵筋及复合箍筋排布时应遵循对称均匀原则。

2）梁复合箍筋应采用截面周边外封闭大箍加内封闭小箍的组合方式（大箍套小箍）。内部复合箍筋可采用相邻两肢形成一个内封闭小箍的形式。

3）梁复合箍筋肢数宜为双数，当复合箍筋的肢数为单数时，设一个单肢箍筋。单肢箍筋宜紧靠箍筋并勾住纵筋。

4）梁箍筋转角处应有纵向钢筋，当箍筋上部转角处的纵向钢筋未能贯通全跨时，在跨中上部可设置架立筋（架立筋的直径按设计标注，与梁纵向钢筋搭接长度为150mm）。

5）梁上部通长筋应对称设置，通长筋宜置于箍筋转角处。

6）梁同一跨内各组箍筋的复合方式应完全相同。当同一组内复合箍筋各肢位置不能满足对称性要求时，此跨内每相邻两组箍筋各肢的安装绑扎位置应沿梁纵向交错对称排布。

7）梁截面纵向钢筋与箍筋排布时，除考虑本跨内钢筋排布关联因素外，还应综合考虑相邻跨之间的关联影响。

（2）框架梁箍筋加密区长度内的箍筋肢距：一级抗震等级，不宜大于200mm和20倍箍筋直径的较大值；二、三级抗震等级，不宜大于250mm和20倍箍筋直径的较大值；各抗震等级下，均不宜大于300mm，框架梁非加密区内的箍筋肢距不宜大于300mm。

第四节 混凝土柱构造节点

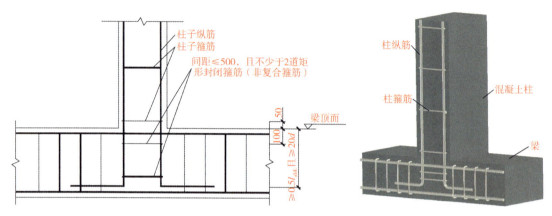

图 2-4-1 混凝土柱插筋构造图   图 2-4-2 混凝土柱插筋构造三维图

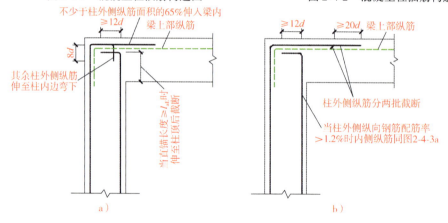

图 2-4-3 框架柱角（边柱）主筋收头构造图
a) 部分柱外侧纵筋伸入现浇梁及板内   b) 全部柱外侧纵筋伸入现浇梁及板内

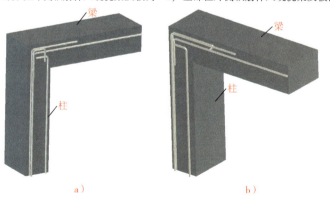

图 2-4-4 框架柱角（边柱）主筋收头构造三维图
a) 部分柱外侧纵筋伸入现浇梁及板内   b) 全部柱外侧纵筋伸入现浇梁及板内

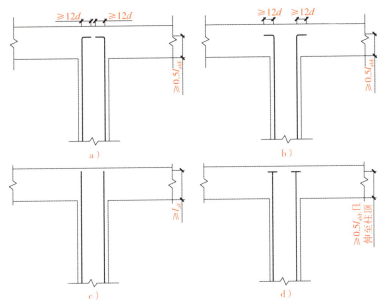

图 2-4-5　框架柱中柱主筋收头构造图
a）当直锚长度 < l_{aE} 时，柱纵筋伸至柱顶向节点内弯折
b）当直锚长度 < l_{aE}，且顶层为现浇混凝土板，板厚≥100mm 时，柱纵筋伸至柱顶向节点内弯折
c）当直锚长度 ≥ l_{aE}，柱纵筋伸至柱顶直锚　d）柱纵向钢筋端头加锚头（锚板）

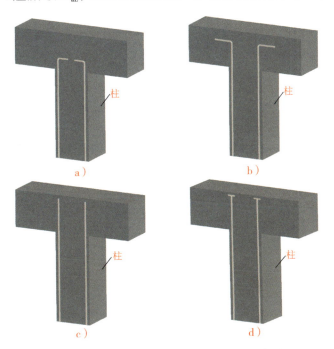

图 2-4-6　框架柱中柱主筋收头构造三维图
a）当直锚长度 < l_{aE} 时，柱纵筋伸至柱顶向节点内弯折
b）当直锚长度 < l_{aE}，且顶层为现浇混凝土板，板厚≥100mm 时，柱纵筋伸至柱顶向节点内弯折
c）当直锚长度 ≥ l_{aE}，柱纵筋伸至柱顶直锚　d）柱纵向钢筋端头加锚头（锚板）

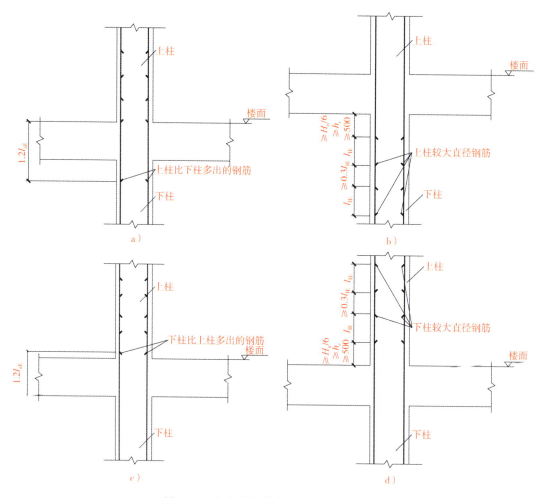

图 2-4-7 框架柱钢筋变径、变数量构造图
a) 上柱钢筋比下柱钢筋多 b) 上柱钢筋直径比下柱钢筋直径大
c) 下柱钢筋比上柱钢筋多 d) 下柱钢筋直径比上柱钢筋直径大

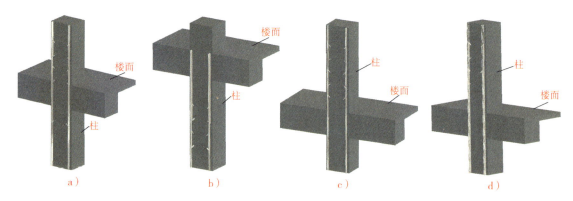

图 2-4-8 框架柱钢筋变径、变数量构造三维图
a) 上柱钢筋比下柱钢筋多 b) 上柱钢筋直径比下柱钢筋直径大
c) 下柱钢筋比上柱钢筋多 d) 下柱钢筋直径比上柱钢筋直径大

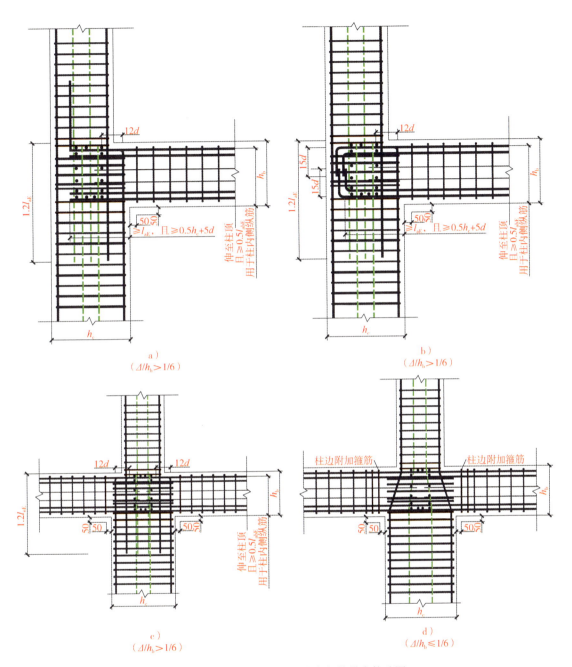

图 2-4-9 框架柱变截面处节点钢筋排布构造图
a）中间层端节点位置（梁纵筋支座处直锚） b）中间层端节点位置（梁纵筋支座处弯锚）
c）中间层中间节点位置 d）中间层中间节点位置

注：1. 当梁上部（或下部）纵向钢筋多于一排时，其他排纵筋在节点内的构造要求与第一排纵筋相同。
2. 框架梁下部钢筋宜贯穿节点或支座，可延伸至相邻跨内箍筋加密区以外搭接连接，应尽量避免在中柱内锚固。

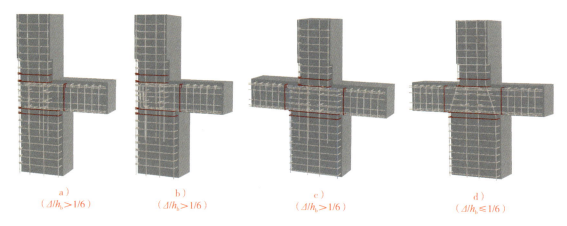

图 2-4-10　框架柱变截面处节点钢筋排布构造三维图
a) 中间层端节点位置（梁纵筋支座处直锚）
b) 中间层端节点位置（梁纵筋支座处弯锚）
c) 中间层中间节点位置　d) 中间层中间节点位置

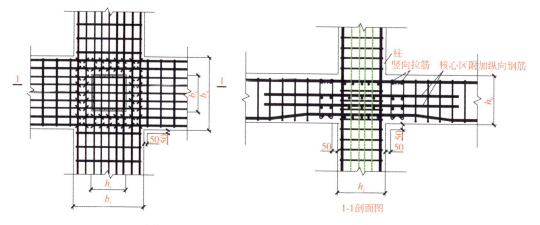

图 2-4-11　框架扁梁中柱节点处钢筋排布构造图

注：1. 框架扁梁上部通长钢筋连接位置、非贯通钢筋伸出长度要求同框架梁；穿过柱截面的框架扁梁下部纵筋可在柱内锚固，未穿过柱截面的下部纵筋应贯通节点区；框架扁梁下部纵筋在节点外连接时，连接位置宜避开箍筋加密区，并宜位于支座 $l_{ni}/3$ 范围之内。

2. 竖向拉筋应同时勾住扁梁上、下双向纵筋，拉筋末端采用 135°弯钩，平直段长度为 $10d$（d 为拉筋直径）。

3. 柱支座框架扁梁交叉节点处，若各方向框架扁梁标高和梁相同时，一方向梁的上部和下部纵筋均宜设置在另一方向梁的上部和下部纵筋之上。

4. 框架扁梁纵筋与柱子纵筋交叉时应对称躲让。

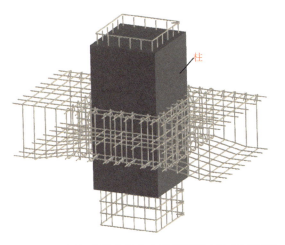

图 2-4-12 框架扁梁中柱节点处钢筋排布构造三维图　　图 2-4-13 立柱钢筋排布构造现场实例图

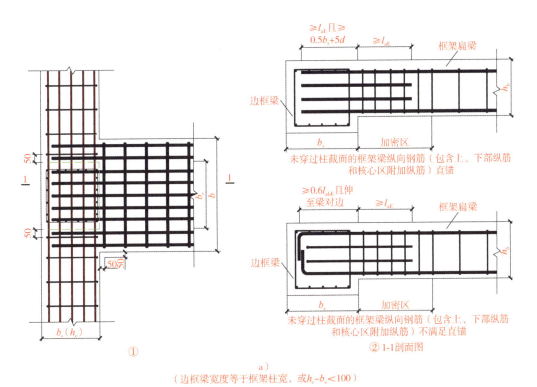

a)
（边框梁宽度等于框架柱宽，或 $h_c-b_c<100$）

注：1. 框架扁梁上部通长钢筋连接位置、非贯通钢筋伸出长度要求同框架梁；穿过柱截面的框架扁梁下部纵筋可在柱内锚固，未穿过柱截面的下部纵筋应贯通节点区；框架扁梁下部纵筋在节点外连接时，连接位置宜避开箍筋加密区，并宜位于支座 $l_n/3$ 范围之内。
2. 竖向拉筋应同时勾住扁梁上、下双向纵筋，拉筋末端采用 135° 弯钩，平直段长度为 10d（d 为拉筋直径）。
3. 框架扁梁纵筋与柱子纵筋交叉时应对称躲让。
4. 穿过柱截面框架扁梁的纵向受力筋锚固做法同框架梁。

图 2-4-14 框架扁边中柱节点处钢筋排布构造图
　　a）框架扁边中柱节点处钢筋排布构造图（一）

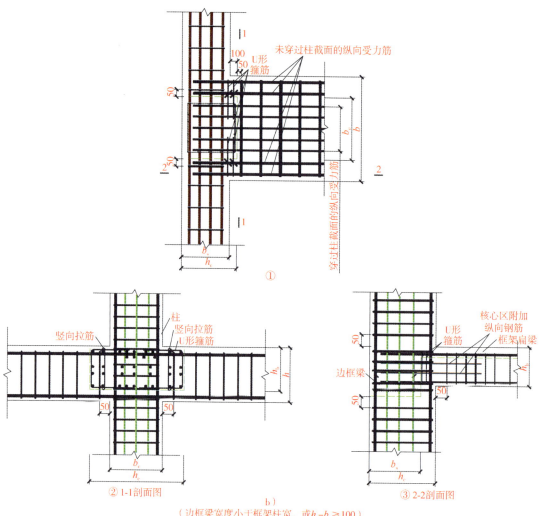

图 2-4-14 框架扁边中柱节点处钢筋排布构造图（续）
b）框架扁边中柱节点处钢筋排布构造图（二）
（边框梁宽度小于框架柱宽，或 $h_c - b_c \geq 100$）

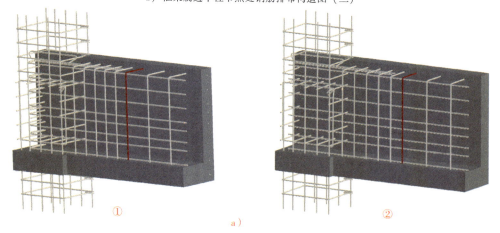

图 2-4-15 框架扁边中柱节点处钢筋排布构造三维图
a）框架扁边中柱节点处钢筋排布构造三维图（一）

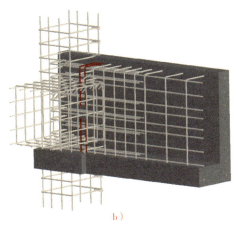

b)

图 2-4-15 框架扁边中柱节点处钢筋排布构造三维图（续）

b）框架扁边中柱节点处钢筋排布构造三维图（二）

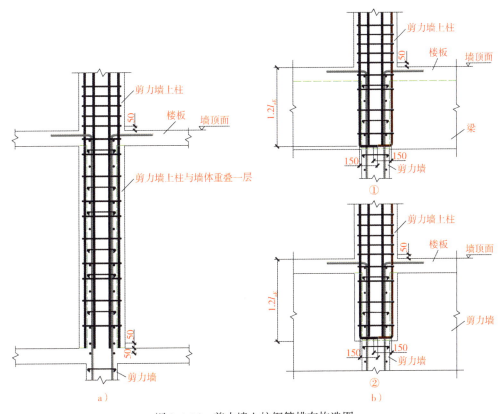

图 2-4-16 剪力墙上柱钢筋排布构造图

a）柱向下延伸与墙重叠一层　b）柱纵筋锚固在墙顶部

注：1. 图中墙上起柱的锚固位置为墙顶面。
2. 墙上起柱，在墙顶面标高以下锚固范围内的柱箍筋按上柱非加密区箍筋要求。
3. 墙上起柱（柱纵筋锚固在墙顶部时），墙体的平面外方向应设梁，以平衡柱脚在该方向的弯矩。

图 2-4-17 剪力墙上柱钢筋排布构造三维图
a) 柱向下延伸与墙重叠一层 b) 柱纵筋锚固在墙顶部

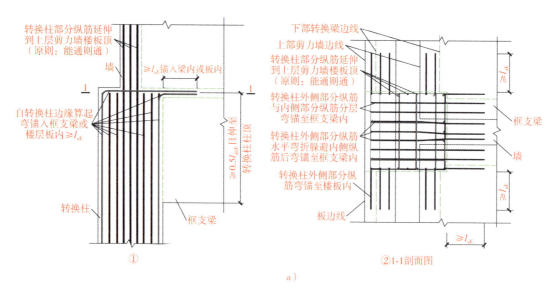

图 2-4-18 转换柱钢筋排布构造图
a) 转换柱钢筋排布构造图（一）

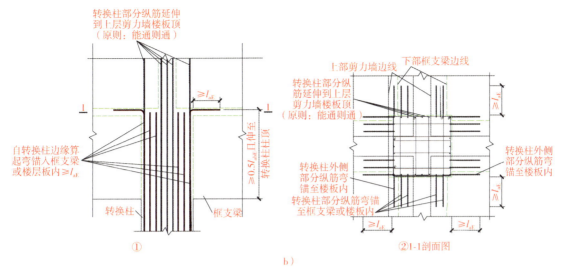

图 2-4-18 转换柱钢筋排布构造图（续）
b）转换柱钢筋排布构造图（二）

注：1. 转换柱纵向钢筋的连接构造同框架柱，宜采用机械连接接头。
2. 转换柱纵向钢筋间距不应小于80mm，净距不应小于50mm且不宜大于200mm。

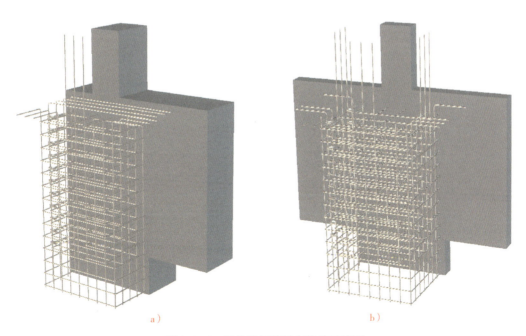

图 2-4-19 转换柱钢筋排布构造三维图
a）转换柱钢筋排布构造三维图（一） b）转换柱钢筋排布构造三维图（二）

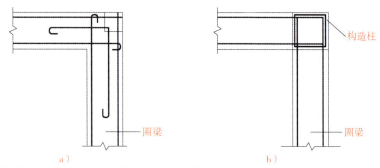

注：圈梁与构造柱的连接，应将圈梁纵向钢筋伸入节点内，其长度应不小于受拉钢筋锚固长度l_{aE}的规定。

图 2-4-20　圈梁与角柱连接构造图
a）370mm 墙　b）240mm 墙

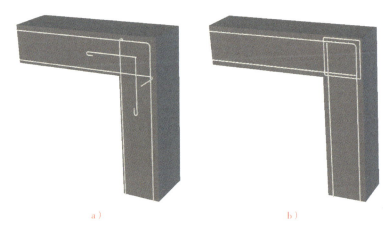

图 2-4-21　圈梁与角柱连接构造三维图
a）370mm 墙　b）240mm 墙

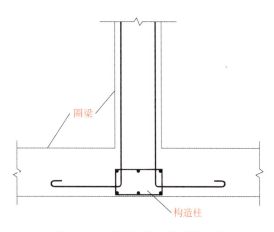

图 2-4-22　圈梁与边柱连接构造图

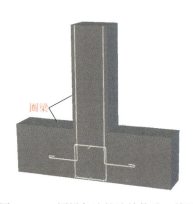

图 2-4-23　圈梁与边柱连接构造三维图

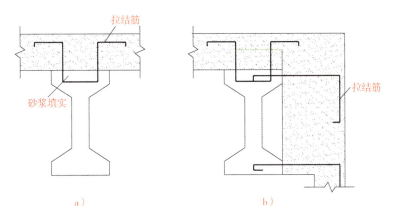

图 2-4-24　砌体围护墙与混凝土柱连接构造图

注：砌体围护墙与排架及山墙抗风柱的连接，可采用从柱中预埋拉结筋并锚入墙中，钢筋间距 500～1000mm，抗震设防烈度高、部位高处间距小，烈度低、部位低处间距大。

图 2-4-25　砌体围护墙与混凝土柱连接构造三维图

说明：
（1）柱插筋应伸至基础底部并支在基础底部钢筋网片上。
（2）无论主筋端头是否弯折，主筋均应伸至柱顶。
（3）墙上起柱，在墙顶面标高以下锚固范围内的柱箍筋按上柱非加密区箍筋要求配置；梁上起柱时，在梁内设置间距不大于 500mm，且至少两道柱箍筋。
（4）墙上起柱（柱纵筋锚固在墙顶部时）和梁上起柱时，墙体和梁的平面外方向应设梁，以平衡柱脚在该方向的弯矩；当柱宽度大于梁宽度时，梁应设水平加腋。
（5）当柱顶伸出屋面的截面发生变化时另行设计。
（6）若施工图或设计方有明确的钢筋排布方案，以设计方意图为准；特殊情况以设计方要求为准。

第五节 屋面及混凝土板构造节点

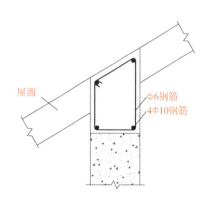

图 2-5-1 屋面内墙圈梁构造图

图 2-5-2 屋面内墙圈梁构造三维图

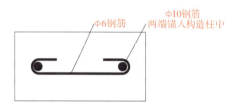

图 2-5-3 屋面女儿墙压顶梁构造图

图 2-5-4 屋面女儿墙压顶梁构造三维图

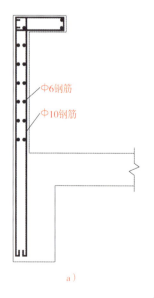

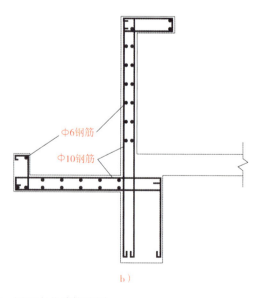

图 2-5-5 屋面女儿墙构造图

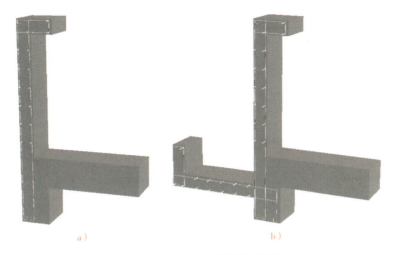

图 2-5-6 屋面女儿墙构造三维图

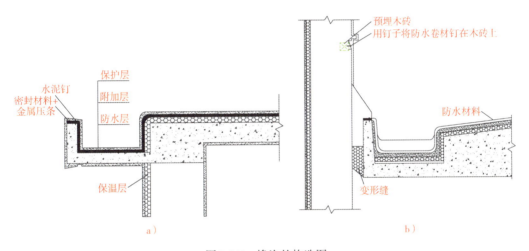

图 2-5-7 檐沟的构造图
a）檐沟在檐墙外侧 b）檐沟在檐墙内侧

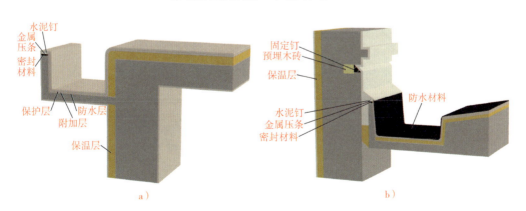

图 2-5-8 檐沟的构造三维图
a）檐沟在檐墙外侧 b）檐沟在檐墙内侧

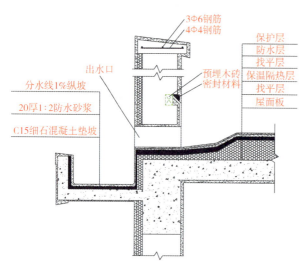
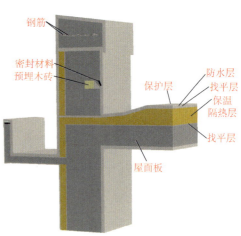

图 2-5-9　檐沟设在女儿墙外侧的构造图　　图 2-5-10　檐沟设在女儿墙外侧的构造三维图

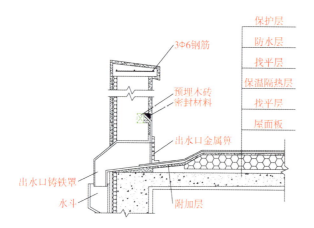
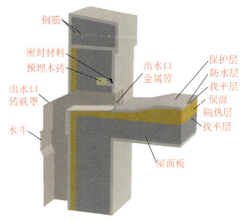

图 2-5-11　檐沟设在女儿墙内侧的构造图　　图 2-5-12　檐沟设在女儿墙内侧的构造三维图

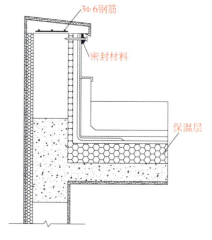
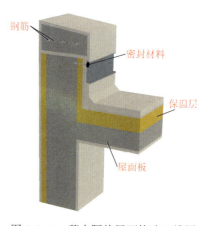

图 2-5-13　蓄水隔热屋面构造图　　图 2-5-14　蓄水隔热屋面构造三维图

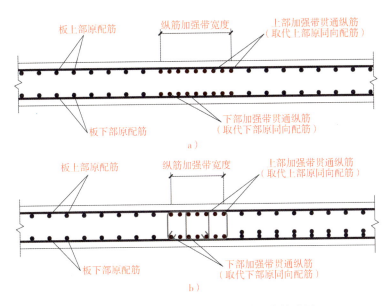

图 2-5-15 现浇钢筋混凝土板钢筋排布构造图
a) 无暗梁时（是否设置上部加强带贯通纵筋根据具体设计确定）
b) 有暗梁时（是否设置上部加强带贯通纵筋根据具体设计确定）

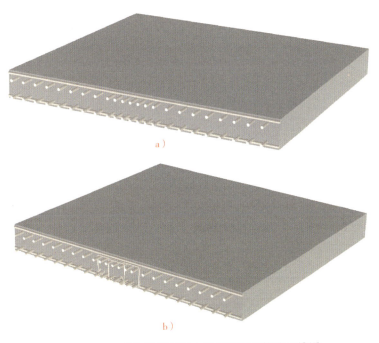

图 2-5-16 现浇钢筋混凝土板钢筋排布构造三维图
a) 无暗梁时（是否设置上部加强带贯通纵筋根据具体设计确定）
b) 有暗梁时（是否设置上部加强带贯通纵筋根据具体设计确定）

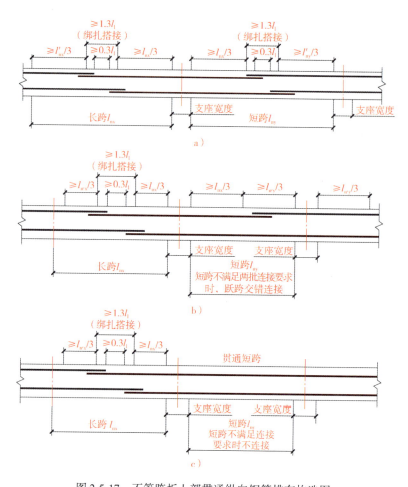

图 2-5-17 不等跨板上部贯通纵向钢筋排布构造图
a）短跨满足两批连接要求时 b）短跨满足连接要求且不满足两批连接要求时
c）短跨不满足连接要求时

注：1. $l_{n'x}$、$l_{n'y}$ 是相邻两跨的较大净跨值。
2. 当钢筋足够长时能通则通。
3. 当相邻连接连续板的跨度相差大于20%时，板上部钢筋伸入跨内的长度由设计确定。
4. 板贯通钢筋可采用搭接连接、机械连接，但其位于同一连接区段内的钢筋接头面积百分率不应大于50%。
5. 板相邻跨贯通钢筋配置不同时，应将配置较大者延伸到配置较小者跨中连接区域内连接。

图 2-5-18 不等跨板上部贯通纵向钢筋排布构造三维图
a）短跨满足两批连接要求时 b）短跨满足连接要求且不满足两批连接要求时

图 2-5-18 不等跨板上部贯通纵向钢筋排布构造三维图（续）

c）短跨不满足连接要求时

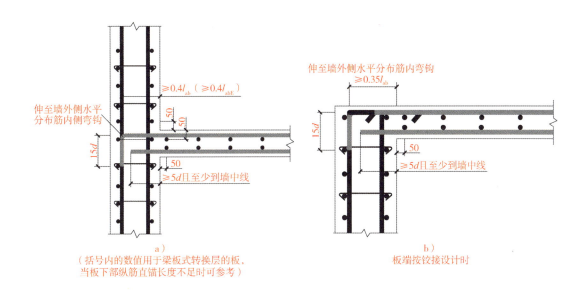

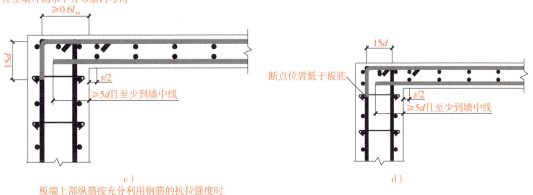

图 2-5-19 现浇板钢筋在支座部位的锚固构造图

a）端部支座为剪力墙中间层 b）端部支座为剪力墙墙顶 c）端部支座为剪力墙墙顶
d）端部支座为剪力墙墙顶搭接连接时

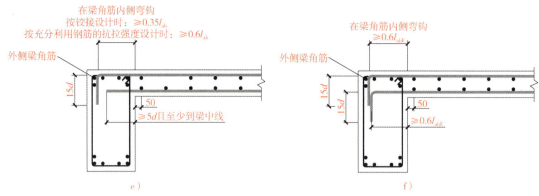

图 2-5-19 现浇板钢筋在支座部位的锚固构造图（续）
e）普通楼（屋）面板 f）用于梁板式转换层的楼面板

注：1. 板上部纵筋在端支座应伸至梁或墙支座外侧纵筋内侧后弯折15d，当平直段长度分别≥l_a、≥l_{aE}时可不弯折。
2. 梁板式转换层的板中l_{abE}、l_{aE}的取值，设计未指定时按抗震等级四级取值，设计确定时按设计确认。
3. 当锚固钢筋的保护层厚度不大于5d时，锚固钢筋长度范围内应设置横向构造钢筋，其直径不应小于$d/4$（d为锚固钢筋的最大直径），间距不应大于10d，且均不应大于100mm（d为锚固钢筋的最小直径）。
4. s为楼板钢筋间距。

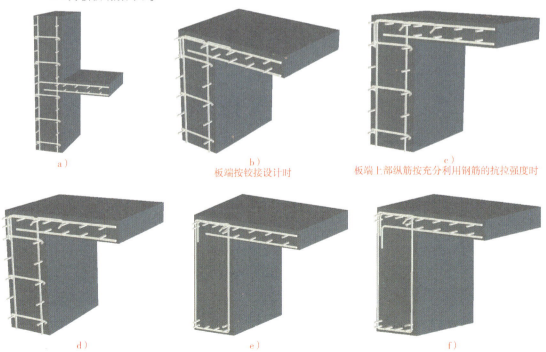

图 2-5-20 现浇板钢筋在支座部位的锚固构造三维图
a）端部支座为剪力墙中间层 b）端部支座为剪力墙墙顶 c）端部支座为剪力墙墙顶
d）端部支座为剪力墙墙顶搭接连接时 e）普通楼（屋）面板 f）用于梁板式转换层的楼面板

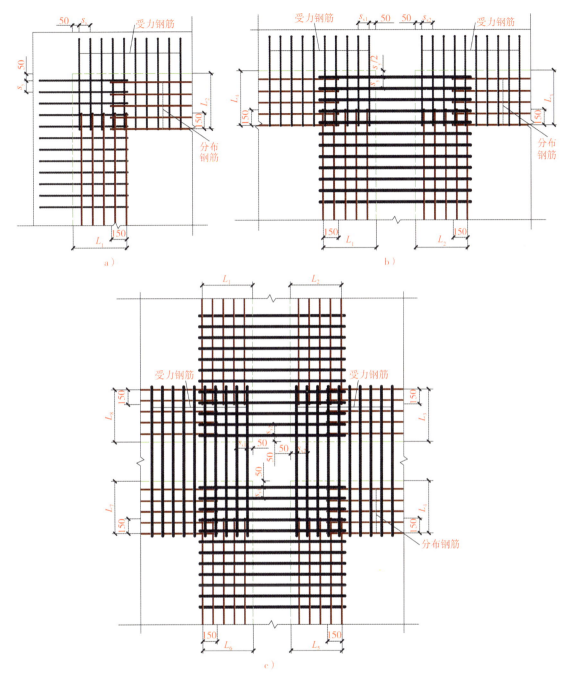

图 2-5-21 板角区上部钢筋排布构造图
a) 板 L 形角区上部钢筋排布构造 b) 板 T 形角区上部钢筋排布构造 c) 板十字形角区上部钢筋排布构造

注：1. $L_1 \sim L_8$ 为板上部钢筋自支座边缘向跨内的延伸长度，根据具体工程设计确定。
2. 板分布筋自身与受力主筋、构造钢筋搭接长度为 150mm；当分布筋兼做抗温度、收缩应力构造钢筋时，其自身与受力主筋、构造钢筋搭接长度为 l_1，其在支座的锚固按受拉要求设计考虑。
3. 当采用抗温度、收缩应力构造钢筋时，其自身与受力主筋、构造钢筋搭接长度为 l_1。

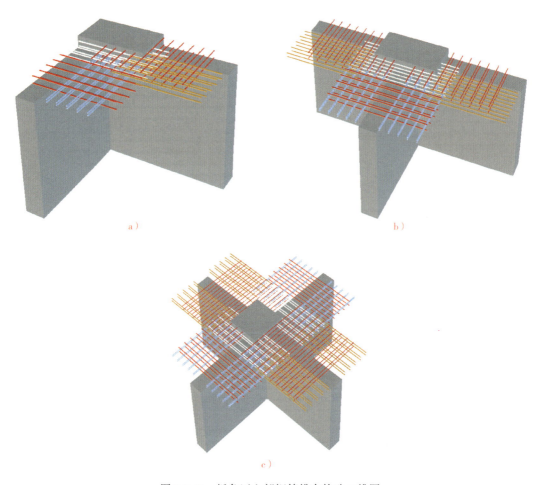

图 2-5-22 板角区上部钢筋排布构造三维图
a) 板 L 形角区上部钢筋排布构造　b) 板 T 形角区上部钢筋排布构造
c) 板十字形角区上部钢筋排布构造

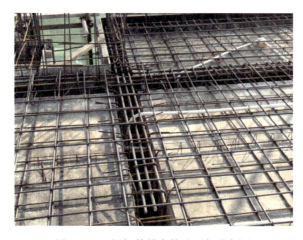

图 2-5-23 板钢筋排布构造现场实例图

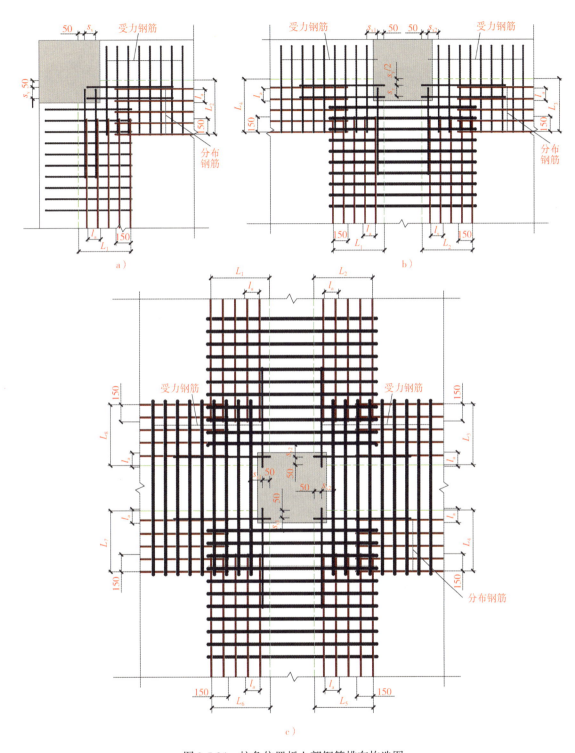

图 2-5-24　柱角位置板上部钢筋排布构造图
a) 角柱位置板上部钢筋排布构造（柱角处无加强钢筋网）　b) 边柱位置板上部钢筋排布构造（柱角处无加强钢筋网）
c) 中柱位置板上部钢筋排布构造（柱角处无加强钢筋网）

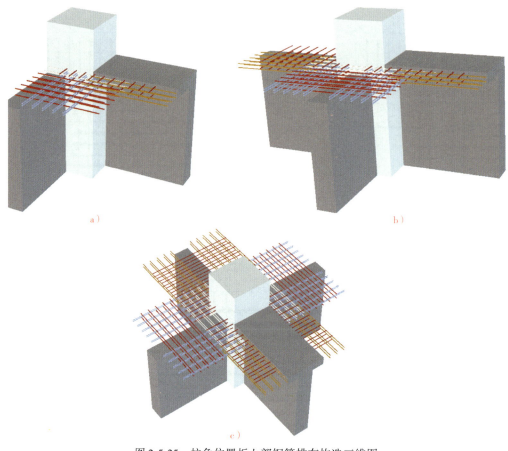

图 2-5-25 柱角位置板上部钢筋排布构造三维图
a) 角柱位置板上部钢筋排布构造（柱角处无加强钢筋网）
b) 边柱位置板上部钢筋排布构造（柱角处无加强钢筋网）
c) 中柱位置板上部钢筋排布构造（柱角处无加强钢筋网）

图 2-5-26 柱角位置板钢筋排布构造现场实例图

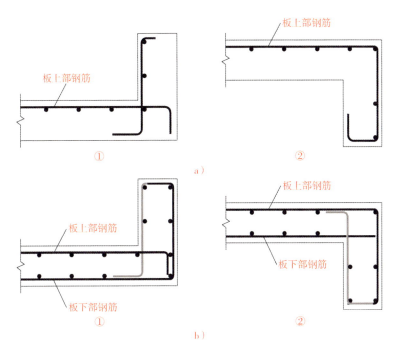

图 2-5-27　板翻边钢筋排布构造图
a）仅上部配筋　b）上、下部均配筋

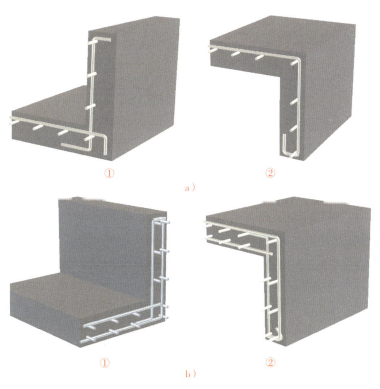

图 2-5-28　板翻边钢筋排布构造三维图
a）仅上部配筋　b）上、下部均配筋

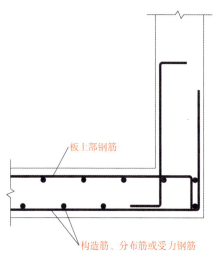

图 2-5-29　悬挑板端部钢筋排布构造图　　　　图 2-5-30　悬挑板端部钢筋排布构造三维图

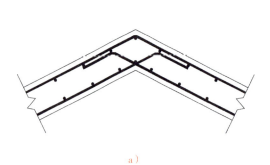

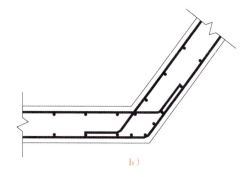

图 2-5-31　折板配筋排布构造图

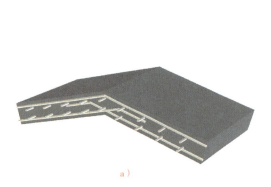

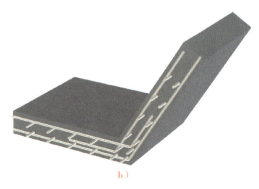

图 2-5-32　折板配筋排布构造三维图

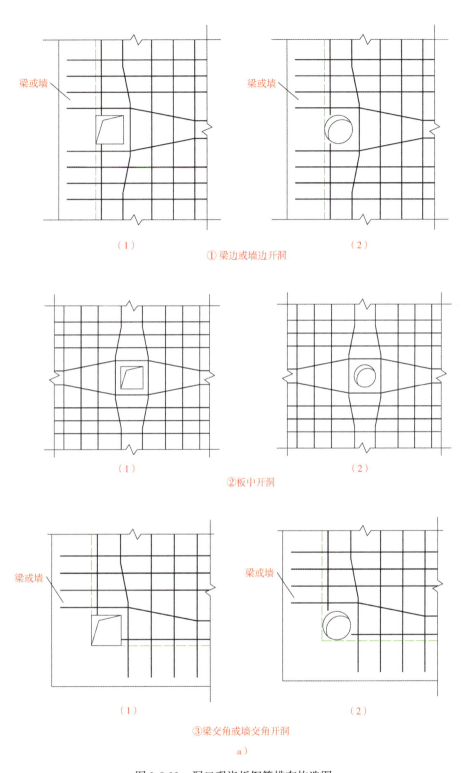

图 2-5-33　洞口现浇板钢筋排布构造图
a）洞口边长（直径）不大于300mm的现浇板钢筋排布构造图

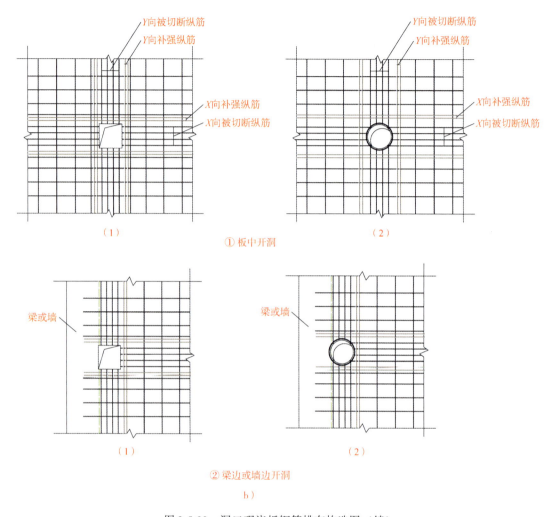

图 2-5-33 洞口现浇板钢筋排布构造图（续）

b）洞口边长（直径）大于300mm且不大于1000mm的现浇板钢筋排布构造图

注：1. 当设计注明补强钢筋时，应按注明的规格、数量与长度值补强；当设计未注明时，X向、Y向分别按每边配置2根直径不小于12mm且不小于同向被切断纵向钢筋总面积的50%补强钢筋，补强钢筋与被切断钢筋布置在同一层面，2根补强钢筋之间间距为30mm。
2. 补强钢筋的强度等级与被切断钢筋相同。
3. 洞口环向上下各配置1根直径不小于10mm的补强钢筋。
4. X向、Y向补强纵筋伸入支座的锚固方式同板中受力钢筋，当不伸入支座时，设计应注明。

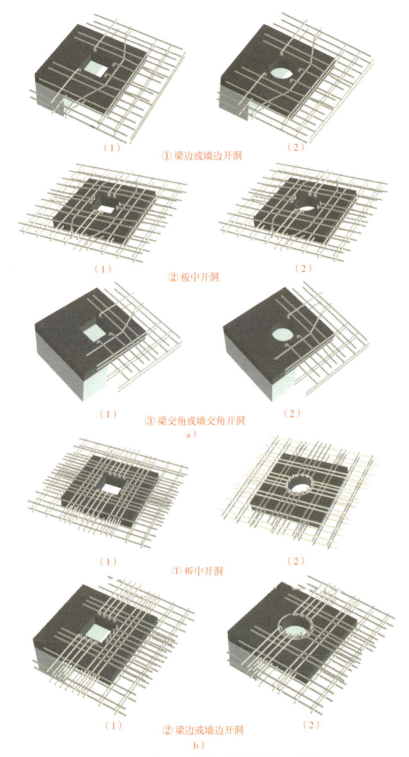

图 2-5-34 洞口现浇板钢筋排布构造三维图
a）洞口边长（直径）不大于 300mm 的现浇板钢筋排布构造三维图
b）洞口边长（直径）大于 300mm 且不大于 1000mm 的现浇板钢筋排布构造三维图

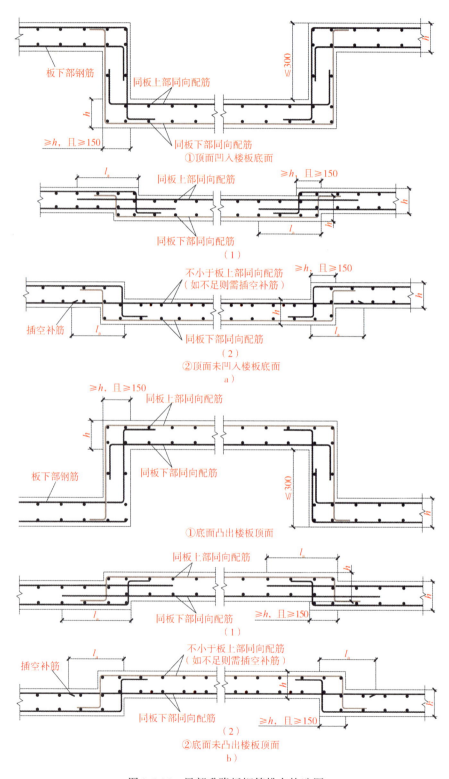

图 2-5-35 局部升降板钢筋排布构造图
a) 局部降板钢筋排布构造图 b) 局部升板钢筋排布构造图

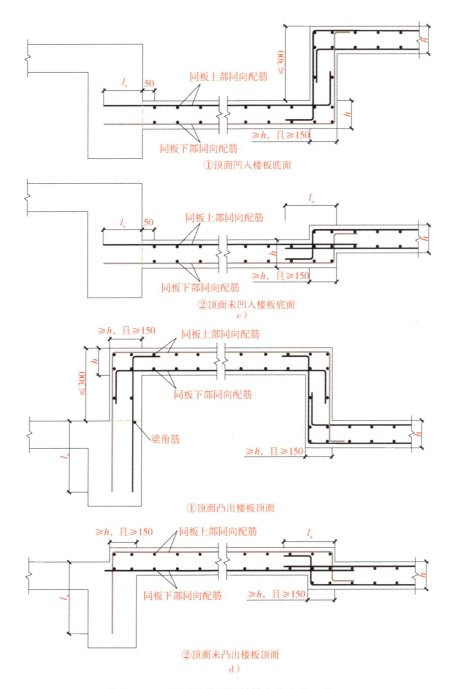

图 2-5-35 局部升降板钢筋排布构造图（续）

c）板边为梁局部降板钢筋排布构造图　d）板边为梁局部升板钢筋排布构造图

注：1. 局部升降板升高与降低的高度限定为≤300mm，当高度>300mm时，设计应补充配筋。
2. 由于受力状况不同，局部升降板的配筋及其形状不同，钢筋排布应以设计为准。
3. 局部升降板的下部与上部配筋宜为双向贯通筋。
4. s 为楼板钢筋间距。

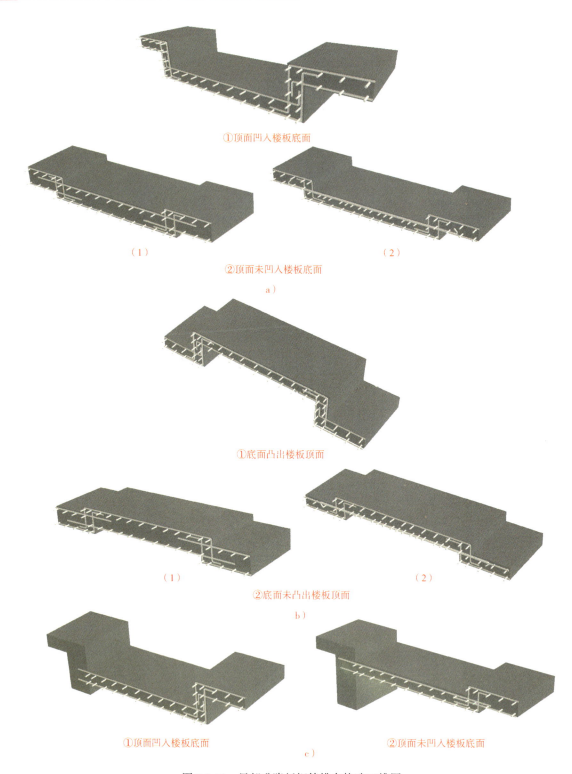

图 2-5-36　局部升降板钢筋排布构造三维图
a）局部降板钢筋排布构造三维图　b）局部升板钢筋排布构造三维图
c）板边为梁局部降板钢筋排布构三维图

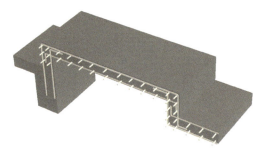 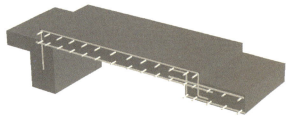

①顶面凸出楼板顶面　　　　　　　　　　②顶面未凸出楼板顶面

d)

图 2-5-36　局部升降板钢筋排布构造三维图（续）
d）板边为梁局部升板钢筋排布构造三维图

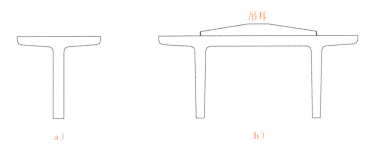

图 2-5-37　预应力混凝土 T 形板构造图
a）单 T 形板　b）双 T 形板

图 2-5-38　预应力混凝土 T 形板构造三维图
a）单 T 形板　b）双 T 形板

图 2-5-39　预应力混凝土 T 形板实例图

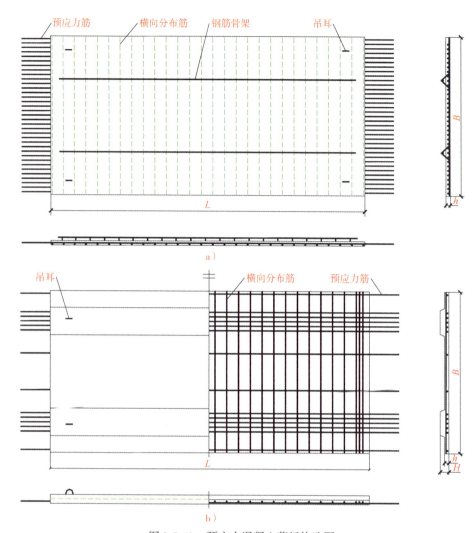

图 2-5-40　预应力混凝土薄板构造图
a）预应力混凝土钢筋骨架薄板　b）预应力混凝土带肋薄板

图 2-5-41　预应力混凝土薄板构造三维图
a）预应力混凝土钢筋骨架薄板　b）预应力混凝土带肋薄板

说明：

（1）屋面设计应遵循"合理设防、防排结合、因地制宜、综合治理"的原则，做好防水和排水,以维护室内正常环境,免遭雨雪侵蚀。

(2) 屋顶的基本组成,除结构层外,根据功能要求,主要还有找坡层、防水层、保温隔热层、保护层等。

(3) 当混凝土板的厚度不小于150mm时,板无支承边的端部宜设置U形构造钢筋并与板顶、板底钢筋搭接,也可采用板面、板底钢筋分别向下、上弯折搭接的形式。

(4) 板纵向钢筋的连接可采用绑扎搭接、机械连接或焊接。

第六节　阳台及雨篷构造节点

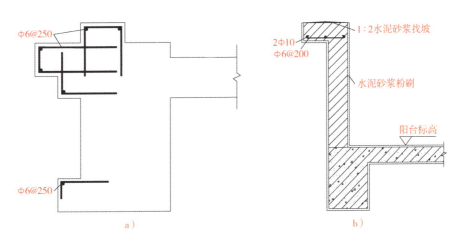

图 2-6-1　阳台构造图(一)

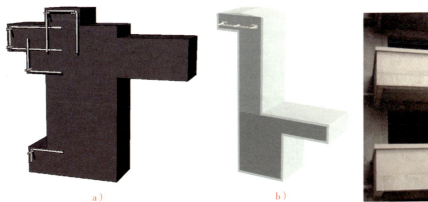 

图 2-6-2　阳台构造三维图(一)　　　图 2-6-3　阳台实例图(一)

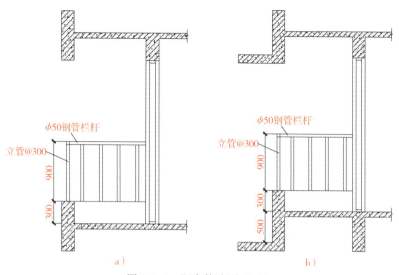

图 2-6-4　阳台构造图（二）
a）无雨篷　b）有雨篷

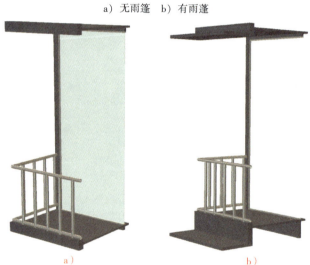

图 2-6-5　阳台构造三维图（二）
a）无雨篷　b）有雨篷

图 2-6-6　阳台实例图（二）

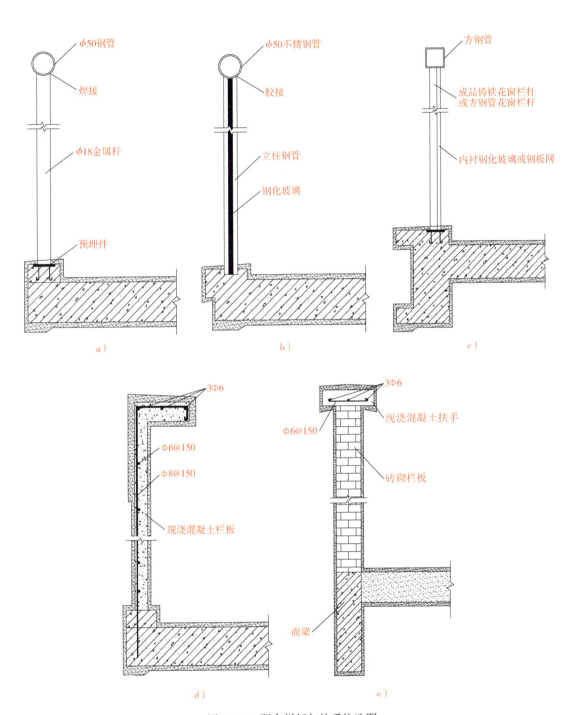

图 2-6-7 阳台栏杆与扶手构造图
a）金属栏杆与钢管扶手 b）玻璃栏板与不锈钢管扶手
c）成品铸铁或方钢栏杆与方钢管扶手 d）现浇混凝土栏板与扶手
e）砖砌栏板与现浇混凝土扶手

图 2-6-8 阳台栏杆与扶手构造三维图
a）金属栏杆与钢管扶手 b）玻璃栏板与不锈钢管扶手
c）成品铸铁或方钢栏杆与方钢管扶手 d）现浇混凝土栏板与扶手 e）砖砌栏板与现浇混凝土扶手

图 2-6-9 扶手现场实例图

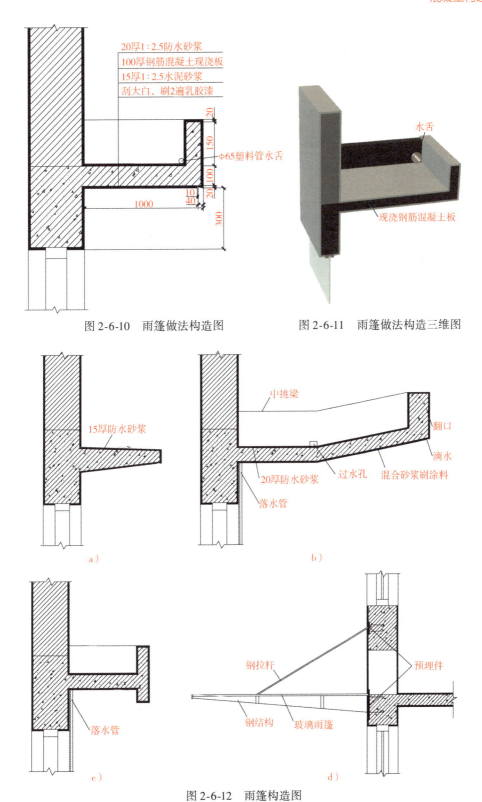

图 2-6-10 雨篷做法构造图　　图 2-6-11 雨篷做法构造三维图

图 2-6-12 雨篷构造图
a）自由落水式雨篷　b）折挑倒梁式有组织排水雨篷　c）上下翻口式有组织排水雨篷　d）玻璃+钢结构组合式雨篷

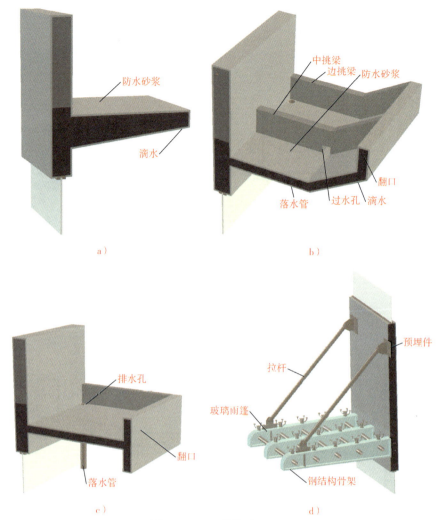

图 2-6-13 雨篷构造三维图
a) 自由落水式雨篷　b) 折挑倒梁式有组织排水雨篷
c) 上下翻口式有组织排水雨篷　d) 玻璃+钢结构组合式雨篷

图 2-6-14 雨篷实例图

说明：
（1）阳台的支承方式有悬挑式、支承式、吊挂式，悬挑式又分板式悬挑和梁板式悬挑。
（2）雨篷根据建筑造型要求，可采用钢筋混凝土雨篷、钢结构金属架雨篷或玻璃-钢结构组合雨篷。钢筋混凝土雨篷有悬挑板式和悬挑梁板式。

第七节 门、窗构造节点

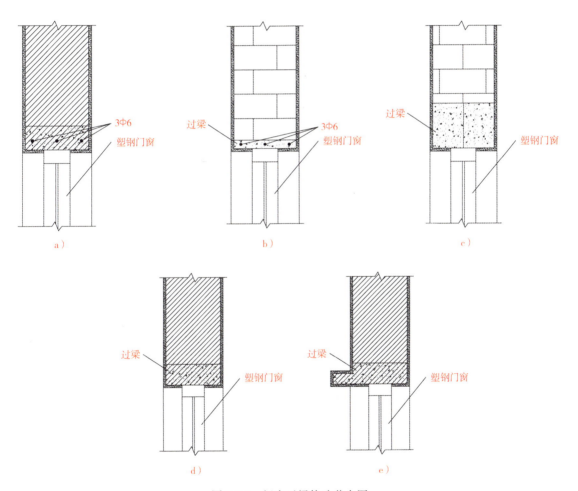

图 2-7-1 门窗过梁构造节点图
a）混水墙面处理 b）矩形截面（一） c）矩形截面（二） d）矩形截面（三） e）L形截面

图 2-7-2 门窗过梁构造节点三维图

a) 浑水墙面处理 b) 矩形截面（一） c) 矩形截面（二） d) 矩形截面（三） e) L形截面

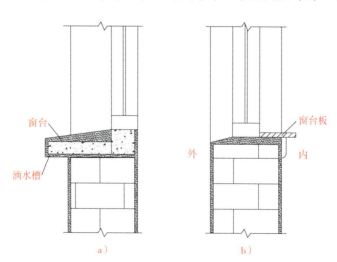

图 2-7-3 窗台防水构造图

a) 悬挑窗台 b) 不悬挑窗台

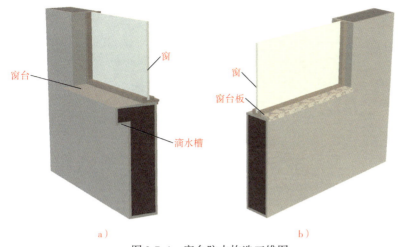

图 2-7-4 窗台防水构造三维图
a) 悬挑窗台 b) 不悬挑窗台

说明：
（1）门窗是装置在墙洞中必不可少的重要建筑构件，属于围护构件，除了满足基本使用要求外，还应具有保温、隔热、隔声、防护等功能。
（2）为了避免沿窗面流下的雨水渗入室内，应设置窗台，窗台应向外形成一定坡度，有利于排水，窗台下面抹滴水槽，避免雨水污染墙面。

第八节　楼梯构造节点

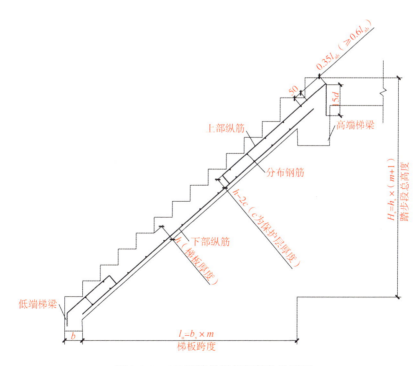

图 2-8-1　AT 型楼梯梯板钢筋构造详图

注：1. 梯板踏步段内斜放钢筋的计算方法：钢筋斜长＝水平投影长度 k，$k=\dfrac{\sqrt{b_s^2+h_s^2}}{b_s}$。

2. 上部纵筋锚固长度 $0.35l_{ab}$ 用于设计按铰接的情况，括号内数据 $0.6l_{ab}$ 用于设计考虑充分发挥钢筋抗拉强度的情况，根据具体工程中的设计确定。

3. 上部纵筋需拉伸至支座对边向下弯折。上部纵筋有条件时可直接伸入平台板内锚固,从支座内边算起总锚固长度不小于 l_a。

4. s 为所对应梯板钢筋的间距。

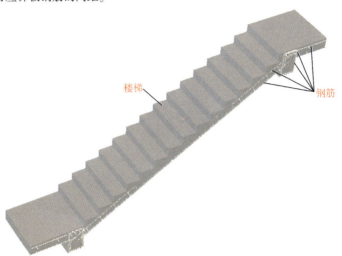

图 2-8-2　AT 型楼梯梯板钢筋构造三维图

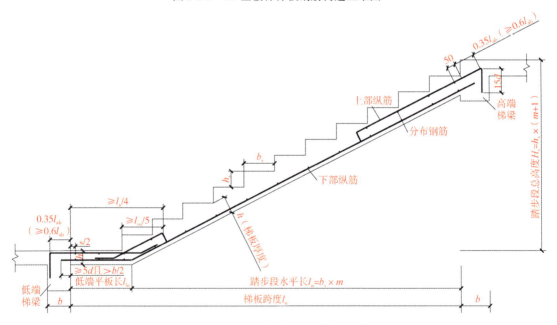

图 2-8-3　BT 型楼梯梯板钢筋构造详图

注:1. 梯板踏步段内斜放钢筋的计算方法:钢筋斜长 = 水平投影长度 k,$k = \dfrac{\sqrt{b_s^2 + h_s^2}}{b_s}$。

2. 上部纵筋锚固长度 $0.35l_{ab}$ 用于设计按铰接的情况,括号内数据 $0.6l_{ab}$ 用于设计考虑充分发挥钢筋抗拉强度的情况,根据具体工程中的设计确定。

3. 上部纵筋需拉伸至支座对边向下弯折。上部纵筋有条件时可直接伸入平台板内锚固,从支座内边算起总锚固长度不小于 l_a。

4. s 为所对应梯板钢筋的间距。

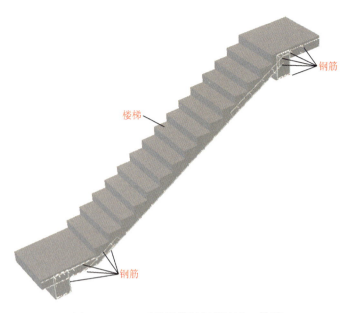

图 2-8-4　BT 型楼梯梯板钢筋构造三维图

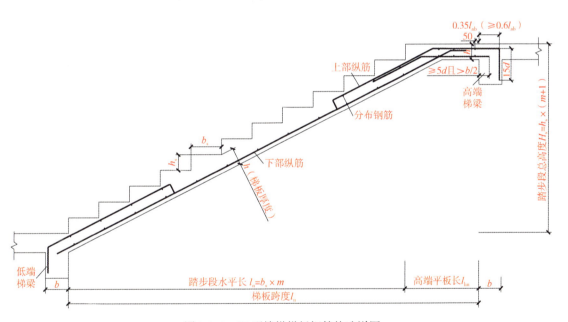

图 2-8-5　CT 型楼梯梯板钢筋构造详图

注：1. 梯板踏步段内斜放钢筋的计算方法：钢筋斜长 = 水平投影长度 k，$k = \dfrac{\sqrt{b_s^2 + h_s^2}}{b_s}$。

2. 上部纵筋锚固长度 $0.35l_{ab}$ 用于设计按铰接的情况，括号内数据 $0.6l_{ab}$ 用于设计考虑充分发挥钢筋抗拉强度的情况，根据具体工程中的设计确定。

3. 上部纵筋需拉伸至支座对边向下弯折。上部纵筋有条件时可直接伸入平台板内锚固，从支座内边算起总锚固长度不小于 l_a。

4. s 为所对应梯板钢筋的间距。

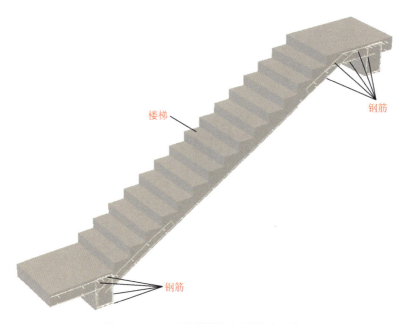

图 2-8-6　CT 型楼梯梯板钢筋构造三维图

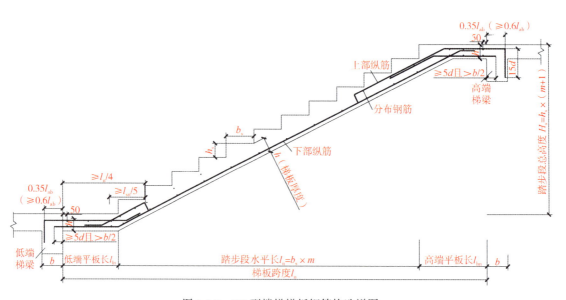

图 2-8-7　DT 型楼梯梯板钢筋构造详图

注：1. 梯板踏步段内斜放钢筋的计算方法：钢筋斜长 = 水平投影长度 k，$k = \dfrac{\sqrt{b_s^2 + h_s^2}}{b_s}$。

2. 上部纵筋锚固长度 $0.35l_{ab}$ 用于设计按铰接的情况，括号内数据 $0.6l_{ab}$ 用于设计考虑充分发挥钢筋抗拉强度的情况，根据具体工程中的设计确定。

3. 上部纵筋需拉伸至支座对边向下弯折。上部纵筋有条件时可直接伸入平台板内锚固，从支座内边算起总锚固长度不小于 l_a。

4. s 为所对应梯板钢筋的间距。

第二章 混凝土构造节点

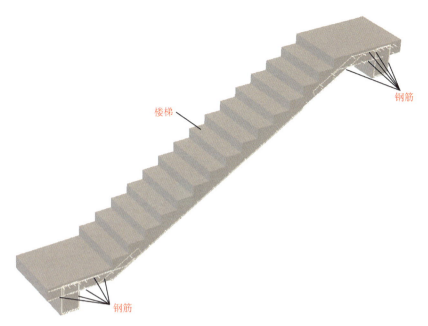

图 2-8-8　DT 型楼梯梯板钢筋构造三维图

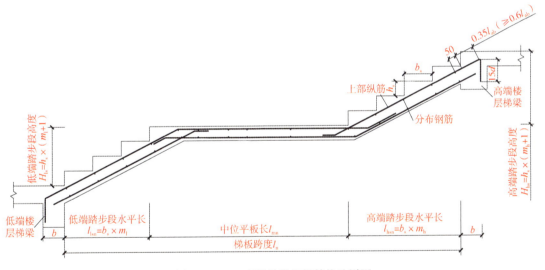

图 2-8-9　ET 型楼梯梯板钢筋构造详图

注： 1. 梯板踏步段内斜放钢筋的计算方法：钢筋斜长 = 水平投影长度 k，$k = \dfrac{\sqrt{b_s^2 + h_s^2}}{b_s}$。

2. 上部纵筋锚固长度 $0.35l_{ab}$ 用于设计按铰接的情况，括号内数据 $0.6l_{ab}$ 用于设计考虑充分发挥钢筋抗拉强度的情况，根据具体工程中的设计确定。

3. 上部纵筋需拉伸至支座对边向下弯折。上部纵筋有条件时可直接伸入平台板内锚固，从支座内边算起总锚固长度不小于 l_a。

4. s 为所对应梯板钢筋的间距。

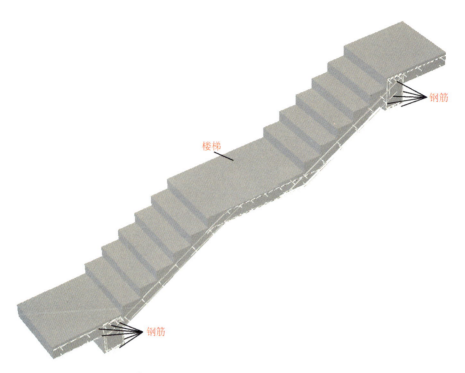

图 2-8-10 ET 型楼梯梯板钢筋构造三维图

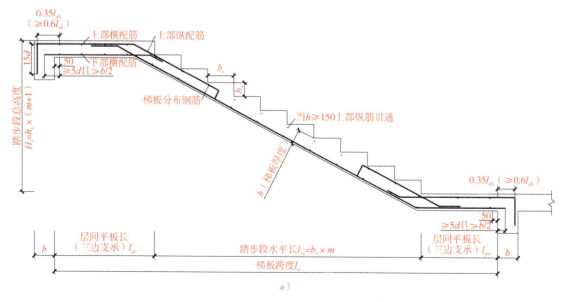

图 2-8-11 FT 型楼梯梯板钢筋构造详图

a) 1-1 剖

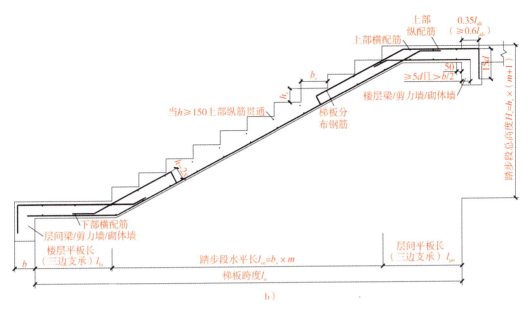

图 2-8-11 FT 型楼梯梯板钢筋构造详图（续）
b）2-2 剖

注：1. 梯板踏步段内斜放钢筋的计算方法：钢筋斜长 = 水平投影长度 k，$k = \dfrac{\sqrt{b_s^2 + h_s^2}}{b_s}$。

2. 上部纵筋锚固长度 $0.35l_{ab}$ 用于设计按铰接的情况，括号内数据 $0.6l_{ab}$ 用于设计考虑充分发挥钢筋抗拉强度的情况，根据具体工程中的设计确定。

3. 上部纵筋需拉伸至支座对边向下弯折。上部纵筋有条件时可直接伸入平台板内锚固，从支座内边算起总锚固长度不小于 l_a。

4. s 为所对应梯板钢筋的间距。

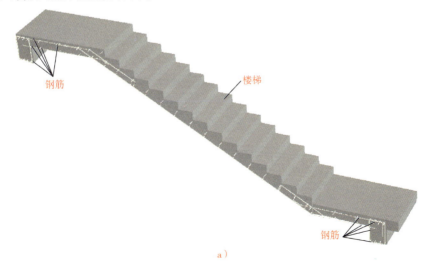

图 2-8-12 FT 型楼梯梯板钢筋构造三维图
a）1-1 剖三维图

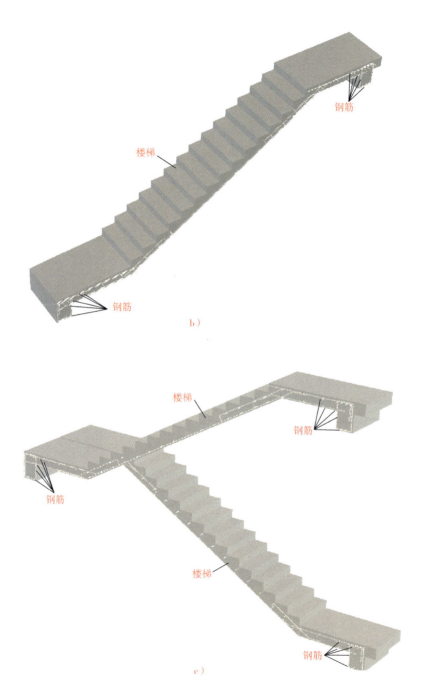

图 2-8-12 FT 型楼梯梯板钢筋构造三维图（续）
b）2-2 剖三维图 c）整体三维图

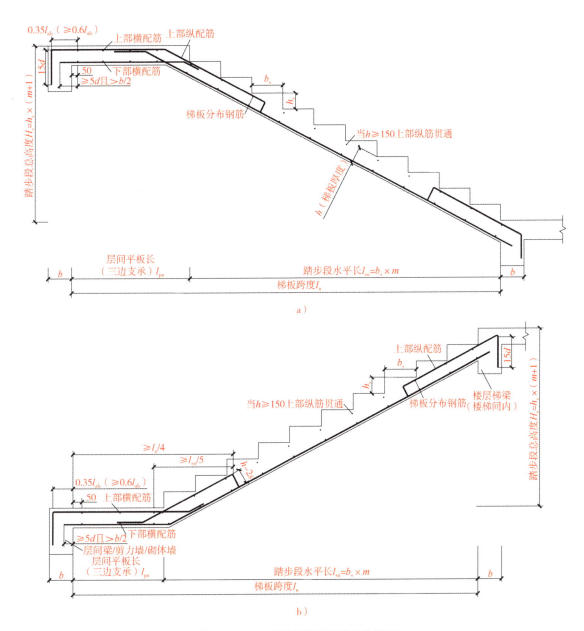

图 2-8-13 GT 型楼梯梯板钢筋构造详图
a) 1-1 剖 b) 2-2 剖

注：1. 梯板踏步段内斜放钢筋的计算方法：钢筋斜长 = 水平投影长度 k，$k = \dfrac{\sqrt{b_s^2 + h_s^2}}{b_s}$。

2. 上部纵筋锚固长度 $0.35l_{ab}$ 用于设计按铰接的情况，括号内数据 $0.6l_{ab}$ 用于设计考虑充分发挥钢筋抗拉强度的情况，根据具体工程中的设计确定。

3. 上部纵筋需拉伸至支座对边向下弯折。上部纵筋有条件时可直接伸入平台板内锚固，从支座内边算起总锚固长度不小于 l_a。

4. s 为所对应梯板钢筋的间距。

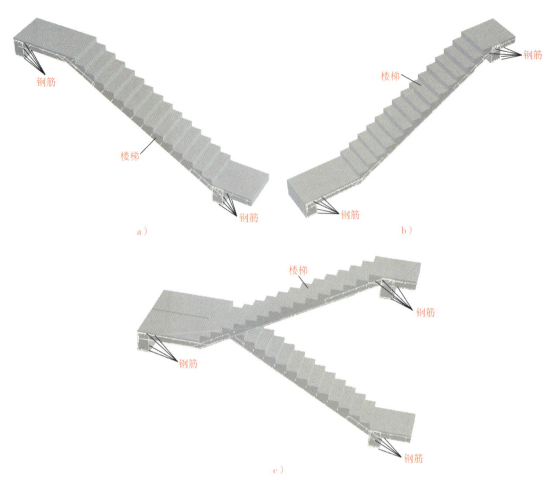

图 2-8-14　GT 型楼梯梯板钢筋构造三维图
a）1-1 剖三维图　b）2-2 剖三维图　c）整体三维图

图 2-8-15　混凝土楼梯钢筋绑扎实例图

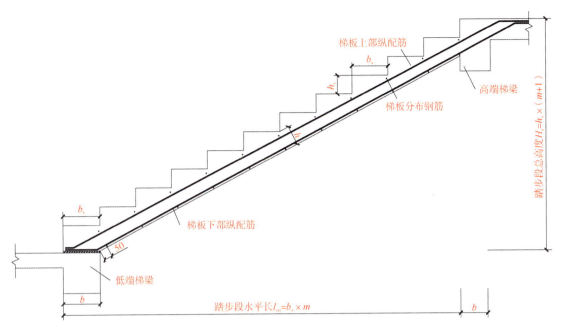

图 2-8-16 ATa 型楼梯梯板钢筋构造详图

注：1. 梯板踏步段内斜放钢筋的计算方法：钢筋斜长 = 水平投影长度 k，$k = \dfrac{\sqrt{b_s^2 + h_s^2}}{b_s}$。

2. 当梯板下部纵筋无法伸入高端梯梁处平台板中锚固时，可将其锚入高端梯梁内。

3. s 为所对应梯板钢筋的间距。

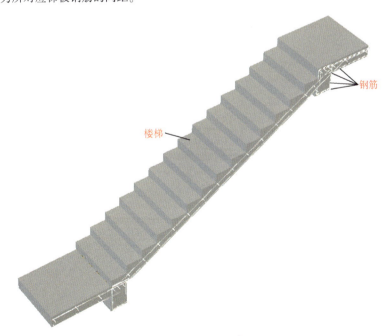

图 2-8-17 ATa 型楼梯梯板钢筋构造三维图

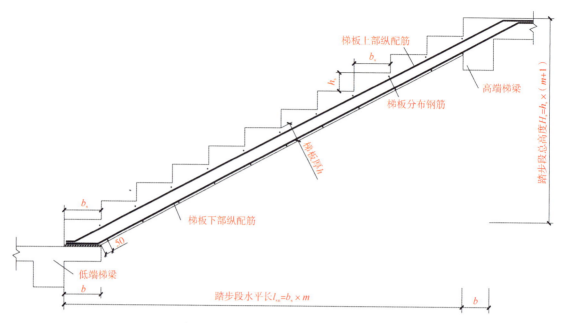

图 2-8-18　ATb 型楼梯梯板钢筋构造详图

注：1. 梯板踏步段内斜放钢筋的计算方法：钢筋斜长 = 水平投影长度 k，$k = \dfrac{\sqrt{b_s^2 + h_s^2}}{b_s}$。

　　2. 当梯板下部纵筋无法伸入高端梯梁处平台板中锚固时，可将其锚入高端梯梁内。

　　3. s 为所对应梯板钢筋的间距。

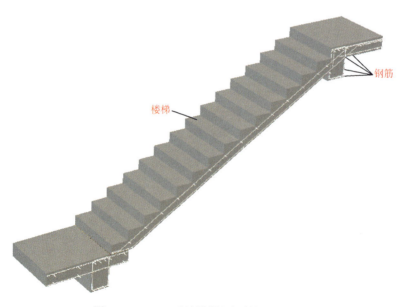

图 2-8-19　ATb 型楼梯梯板钢筋构造三维图

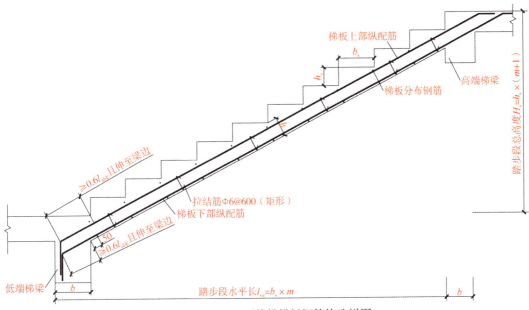

图 2-8-20 ATc 型楼梯梯板钢筋构造详图

注：1. 梯板踏步段内斜放钢筋的计算方法：钢筋斜长 = 水平投影长度 k，$k = \dfrac{\sqrt{b_s^2 + h_s^2}}{b_s}$。

2. 当梯板下部纵筋无法伸入高端梯梁处平台板中锚固时，可将其锚入高端梯梁内。

3. 梯板边缘构件的纵筋数量，当抗震等级为一、二级时不少于 6 根；当抗震等级为三、四级时不少于 4 根。纵筋直径不小于 $\phi 12mm$ 且不小于梯板纵向受力钢筋。

4. 钢筋均采用符合抗震性能要求的热轧钢筋（钢筋的抗拉强度实测值与屈服强度实测值的比值不应小于 1.25；钢筋的屈服强度实测值与屈服强度标准值的比值不应大于 1.3，且钢筋在最大拉力下的总伸长率实测值不小于 9%）。

5. s 为所对应梯板钢筋的间距。

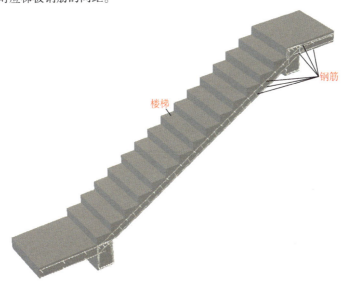

图 2-8-21 ATc 型楼梯梯板钢筋构造三维图

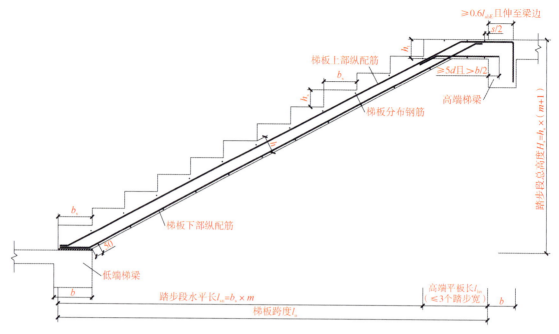

图 2-8-22 CTa 型楼梯梯板钢筋构造详图

注：1. 梯板踏步段内斜放钢筋的计算方法：钢筋斜长 = 水平投影长度 k，$k = \dfrac{\sqrt{b_s^2 + h_s^2}}{b_s}$。

2. h/t 宜大于 h，由设计确定。

3. s 为所对应梯板钢筋的间距。

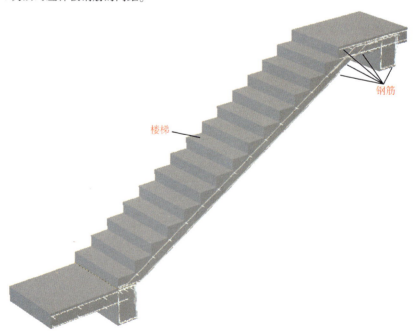

图 2-8-23 CTa 型楼梯梯板钢筋构造三维图

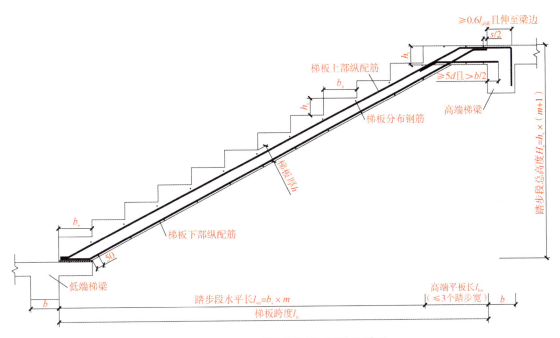

图 2-8-24 CTb 型楼梯梯板钢筋构造详图

注： 1. 梯板踏步段内斜放钢筋的计算方法：钢筋斜长 = 水平投影长度 k，$k = \dfrac{\sqrt{b_s^2 + h_s^2}}{b_s}$。

2. h/t 宜大于 h，由设计确定。

3. s 为所对应梯板钢筋的间距。

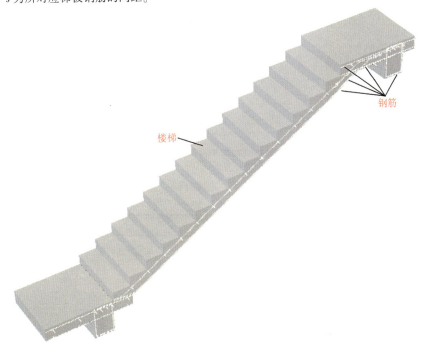

图 2-8-25 CTb 型楼梯梯板钢筋构造三维图

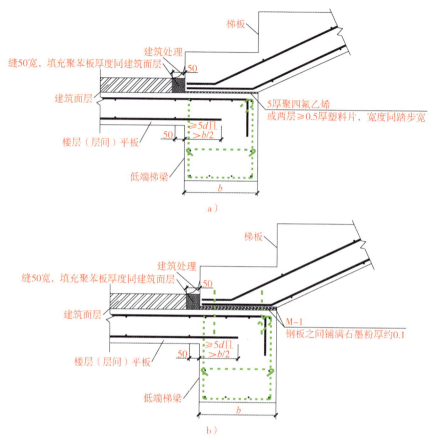

注：需根据使用环境对滑动支座钢板进行相应的除锈处理。

图 2-8-26　ATa 型、CTa 型楼梯滑动支座构造详图
a) 设聚四氟乙烯垫板（用胶粘于混凝土面上）或塑料片　b) 预埋钢板

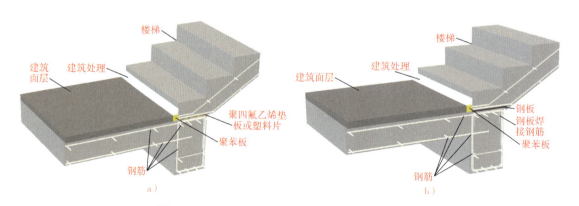

图 2-8-27　ATa 型、CTa 型楼梯滑动支座构造三维图
a) 设聚四氟乙烯垫板（用胶粘于混凝土面上）或塑料片　b) 预埋钢板

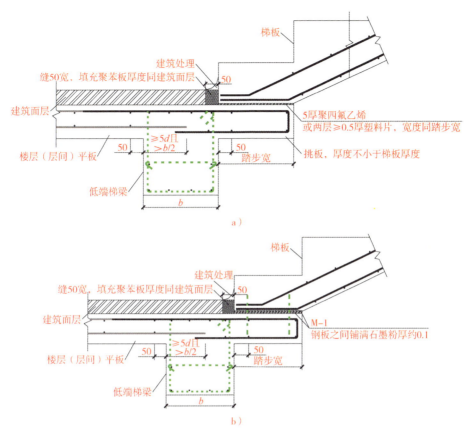

注：需根据使用环境对滑动支座钢板进行相应的除锈处理。

图 2-8-28　ATb 型、CTb 型楼梯滑动支座构造详图
a）设聚四氟乙烯垫板（用胶粘于混凝土面上）或塑料片　b）预埋钢板

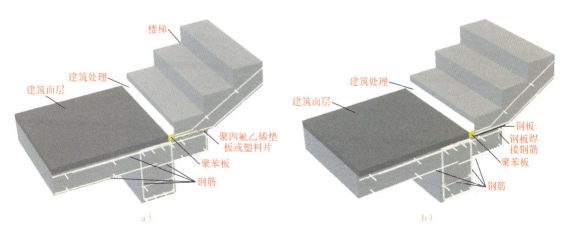

图 2-8-29　ATb 型、CTb 型楼梯滑动支座构造三维图
a）设聚四氟乙烯垫板（用胶粘于混凝土面上）或塑料片　b）预埋钢板

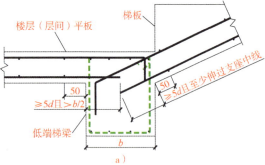
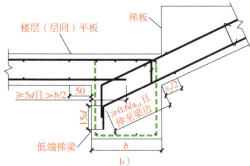

注：1. 上部纵筋锚固长度$0.35l_{ab}$用于设计按铰接的情况，括号内数据$0.6l_{ab}$用于设计考虑充分发挥钢筋抗拉强度的情况，具体根据工程中设计需求指明采用哪种情况。
2. 梯板、平板上部纵筋需伸至支座对边再向下弯折。
3. s_1、s_2为所对应板钢筋的间距。

注：1. 上部纵筋锚固长度$0.35l_{ab}$用于设计按铰接的情况，括号内数据$0.6l_{ab}$用于设计考虑充分发挥钢筋抗拉强度的情况，具体根据工程中设计需求指明采用哪种情况。
2. 梯板、平板上部纵筋需伸至支座对边再向下弯折。
3. s_1、s_2为所对应板钢筋的间距。

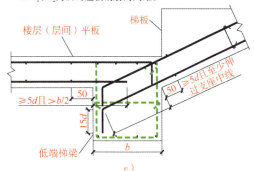
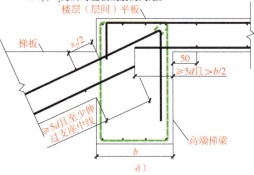

注：1. 上部纵筋锚固长度$0.35l_{ab}$用于设计按铰接的情况，括号内数据$0.6l_{ab}$用于设计考虑充分发挥钢筋抗拉强度的情况，具体根据工程中设计需求指明采用哪种情况。
2. 梯板、平板上部纵筋需伸至支座对边再向下弯折。
3. s_1、s_2为所对应板钢筋的间距。

注：1. 上部纵筋锚固长度$0.35l_{ab}$用于设计按铰接的情况，括号内数据$0.6l_{ab}$用于设计考虑充分发挥钢筋抗拉强度的情况，具体根据工程中设计需求指明采用哪种情况。
2. 梯板、平板上部纵筋需伸至支座对边再向下弯折。
3. 梯板上部纵筋有条件时可直接伸入平板内锚固，从支座内边算起，总锚固长度不小于l_a。
4. s_1、s_2为所对应板钢筋的间距。

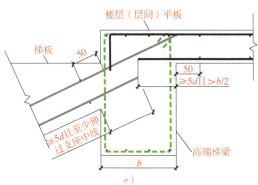
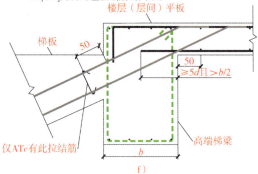

注：1. 上部纵筋锚固长度$0.35l_{ab}$用于设计按铰接的情况，括号内数据$0.6l_{ab}$用于设计考虑充分发挥钢筋抗拉强度的情况，具体根据工程中设计需求指明采用哪种情况。
2. 梯板、平板上部纵筋需伸至支座对边再向下弯折。
3. 梯板上部纵筋有条件时可直接伸入平板内锚固，从支座内边算起，总锚固长度不小于l_a。
4. s_1、s_2为所对应板钢筋的间距。

注：1. 上部纵筋锚固长度$0.35l_{ab}$用于设计按铰接的情况，括号内数据$0.6l_{ab}$用于设计考虑充分发挥钢筋抗拉强度的情况，具体根据工程中设计需求指明采用哪种情况。
2. 梯板、平板上部纵筋需伸至支座对边再向下弯折。
3. 梯板上部纵筋有条件时可直接伸入平板内锚固，从支座内边算起，总锚固长度不小于l_{aE}。
4. s_1、s_2为所对应板钢筋的间距。

图2-8-30 梯梁节点处钢筋排布构造详图
a) 低端梯梁处、平板纵筋在梯梁中弯锚 b) ATc 低端梯梁处、梯板上、下部纵筋弯折段重叠
c) ATc 低端梯梁处、梯板上、下部纵筋弯折段错开 d) 高端梯梁处、梯板纵筋在梯梁中锚固
e) 高端梯梁处、梯板纵筋在平板中直锚 f) ATa、ATb、ATc 高端梯梁处、梯板上、下部纵筋弯折段错开

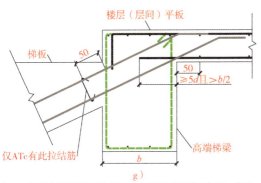

注：1. 上部纵筋锚固长度$0.35l_{ab}$用于设计按铰接的情况，括号内数据$0.6l_{ab}$用于设计考虑充分发挥钢筋抗拉强度的情况，具体根据工程中设计需求指明采用哪种情况。
2. 梯板、平板上部纵筋需伸至支座对边再向下弯折。
3. 梯板上部纵筋有条件时可直接伸入平板内锚固，从支座内边算起，总锚固长度不小于l_{aE}。
4. s_1、s_2为所对应板钢筋的间距。

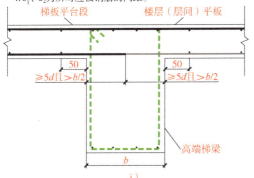

注：1. 上部纵筋锚固长度$0.35l_{ab}$用于设计按铰接的情况，括号内数据$0.6l_{ab}$用于设计考虑充分发挥钢筋抗拉强度的情况，具体根据工程中设计需求指明采用哪种情况。
2. 梯板、平板上部纵筋需伸至支座对边再向下弯折。
3. 梯板上部纵筋有条件时可直接伸入平板内锚固，从支座内边算起，总锚固长度不小于l_a。
4. 图中所示为高端梯梁两端均为平板时的钢筋排布构造，若为低端梯梁，则梯梁左右两侧镜像对调。
5. s_1、s_2为所对应板钢筋的间距。

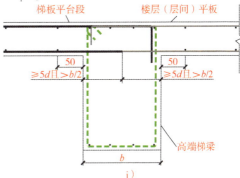

注：1. 上部纵筋锚固长度$0.35l_{ab}$用于设计按铰接的情况，括号内数据$0.6l_{ab}$用于设计考虑充分发挥钢筋抗拉强度的情况，具体根据工程中设计需求指明采用哪种情况。
2. 梯板、平板上部纵筋需伸至支座对边再向下弯折。
3. 梯板上部纵筋有条件时可直接伸入平板内锚固，从支座内边算起，总锚固长度不小于l_a。
4. 图中所示为高端梯梁两端均为平板时的钢筋排布构造，若为低端梯梁，则梯梁左右两侧镜像对调。
5. s_1、s_2为所对应板钢筋的间距。

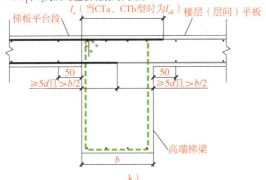

注：1. 上部纵筋锚固长度$0.35l_{ab}$用于设计按铰接的情况，括号内数据$0.6l_{ab}$用于设计考虑充分发挥钢筋抗拉强度的情况，具体根据工程中设计需求指明采用哪种情况。
2. 梯板、平板上部纵筋需伸至支座对边再向下弯折。
3. 梯板上部纵筋有条件时可直接伸入平板内锚固，从支座内边算起，总锚固长度不小于l_a。
4. 图中所示为高端梯梁两端均为平板时的钢筋排布构造，若为低端梯梁，则梯梁左右两侧镜像对调。
5. s_1、s_2为所对应板钢筋的间距。

图 2-8-30 梯梁节点处钢筋排布构造详图（续）
g）ATa、ATb、ATc 高端梯梁处，梯梁上、下部纵筋弯折段重叠
h）ATa、ATb、ATc 高端梯梁处、梯板下部纵筋锚入梯梁内
i）梯板纵筋与平板纵筋二者取大值拉通 j）梯板纵筋在梯梁中弯锚 k）梯板纵筋在平板中直锚

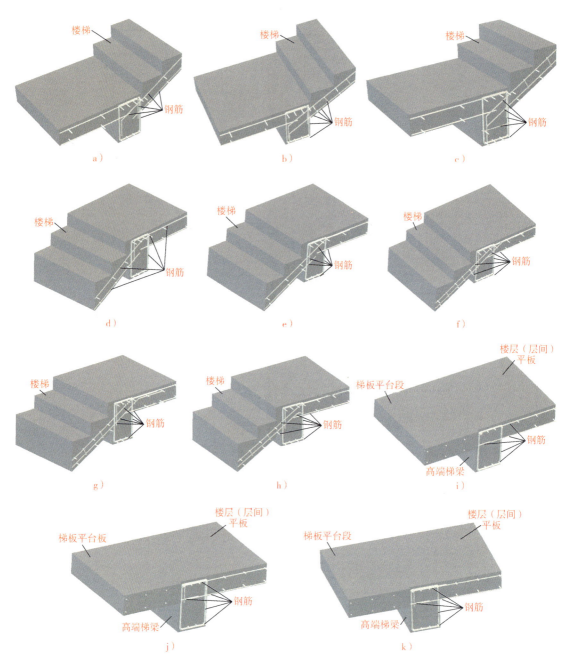

图 2-8-31 梯梁节点处钢筋排布构造三维图

a）低端梯梁处、平板纵筋在梯梁中弯锚 b）ATc 低端梯梁处、梯板上、下部纵筋弯折段重叠
c）ATc 低端梯梁处、梯板上、下部纵筋弯折段错开 d）高端梯梁处、梯板纵筋在梯梁中锚固
e）高端梯梁处、梯板纵筋在平板中直锚 f）ATa、ATb、ATc 高端梯梁处、梯板上、下部纵筋弯折段错开
g）ATa、ATb、ATc 高端梯梁处、梯板上、下部纵筋弯折段重叠
h）ATa、ATb、ATc 高端梯梁处、梯板下部纵筋锚入梯梁内
i）梯板纵筋与平板纵筋二者取大值拉通 j）梯板纵筋在梯梁中弯锚 k）梯板纵筋在平板中直锚

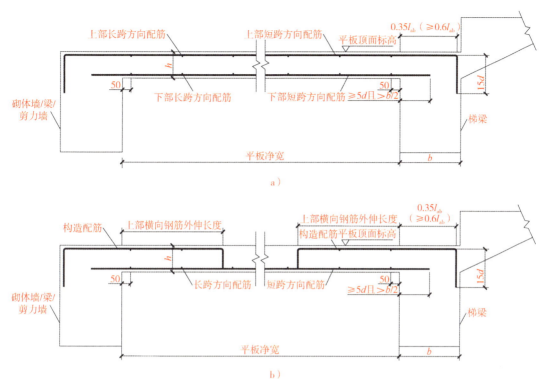

图 2-8-32　楼梯楼层、层间平板钢筋构造详图
a）双层双向拉通　b）分离式配筋

注：1. 上部纵筋锚固长度 $0.35l_{ab}$ 用于设计按铰接的情况，括号内数据 $0.6l_{ab}$ 用于设计考虑充分发挥钢筋抗拉强度的情况，具体根据工程中设计需求指明采用哪种情况。
2. 楼梯楼层、层间平台板长跨方向构造做法原则与本图相同。
3. 当为梯梁或楼层梁时，做法同梯梁节点处钢筋排布构造详图中楼层（层间）平台钢筋做法。
4. s 为所对应板钢筋的间距。

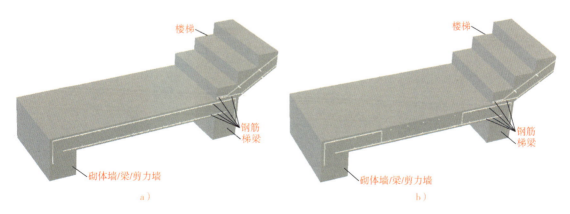

图 2-8-33　楼梯楼层、层间平板钢筋构造三维图
a）双层双向拉通　b）分离式配筋

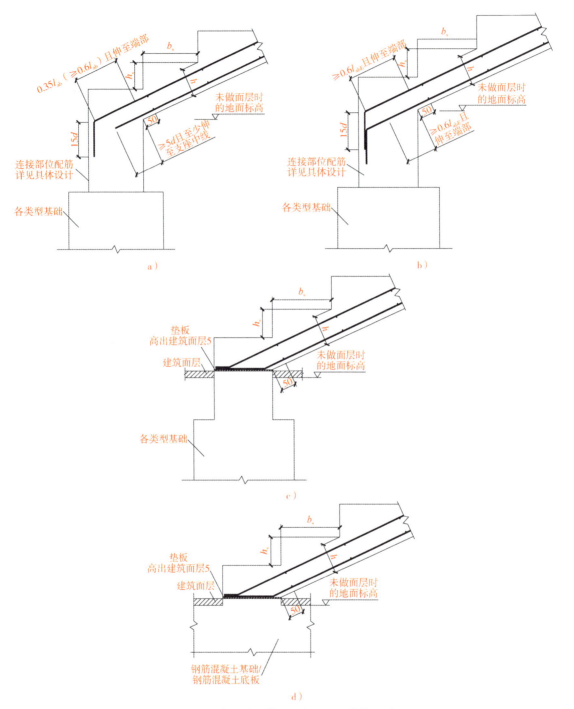

图 2-8-34　各型楼梯第一跑与基础连接构造详图
a）用于 AT 型楼梯　b）用于 ATc 型楼梯　c）用于滑动支座（一）　d）用于滑动支座（二）

注：1. 上部纵筋锚固长度 $0.35l_{ab}$ 用于设计按铰接的情况，括号内数据 $0.6l_{ab}$（$0.6l_{abE}$）用于设计考虑充分发挥钢筋抗拉强度的情况，具体根据工程中设计需求指明采用哪种情况。
2. 上部纵筋需伸至支座对边再向下弯折。

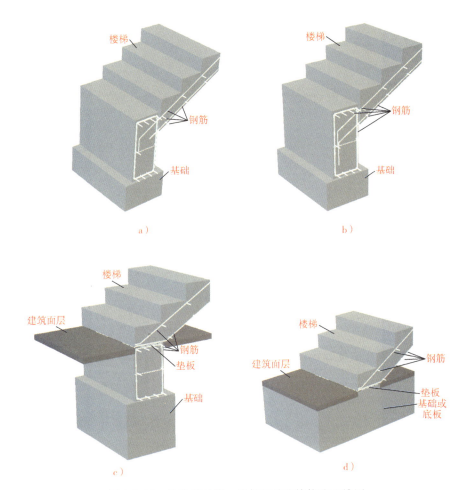

图 2-8-35 各型楼梯第一跑与基础连接构造三维图
a）用于 AT 型楼梯　b）用于 ATc 型楼梯　c）用于滑动支座（一）　d）用于滑动支座（二）

图 2-8-36 混凝土楼梯实例图

说明：

(1) 楼梯一般分为以下类型，见表 2-7-1。

表 2-7-1 楼梯类型

序号	梯板代号	是否参与结构整体抗震计算	适用结构
1	AT	不参与	剪力墙、砌体结构
2	BT	不参与	剪力墙、砌体结构
3	CT	不参与	剪力墙、砌体结构
4	DT	不参与	剪力墙、砌体结构
5	ET	不参与	剪力墙、砌体结构
6	FT	不参与	剪力墙、砌体结构
7	GT	不参与	剪力墙、砌体结构
8	ATa	不参与	框架结构、框剪结构中框架部分
9	ATb	不参与	框架结构、框剪结构中框架部分
10	ATc	参与	框架结构、框剪结构中框架部分
11	CTa	不参与	框架结构、框剪结构中框架部分
12	CTb	不参与	框架结构、框剪结构中框架部分

注：ATa、CTa 低端设滑动支座支承在梯梁上；ATb、CTb 低端设滑动支座支承在梯梁的挑板上。

(2) 板式楼梯当梯段的水平投影跨度不超过 4m，荷载不太大时，宜采用板式楼梯。

(3) 带有平台的上折板式楼梯，其板的跨中配筋按计算确定，支座配筋一般取跨中配筋量的 1/4，配筋范围为 $l_n/4$，支座负筋也可在梁里锚固。

(4) 梁式楼梯中，斜梁是楼梯跑的主要受力构件，因此梁式楼梯的跨度可比板式楼梯的大些，通常当楼梯跑的水平跨度大于 3m 时，宜采用梁式楼梯。

◀ 第九节　变形缝及后浇带构造节点 ▶

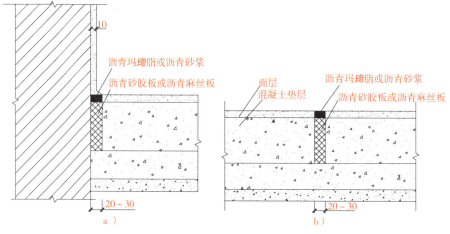

图 2-9-1　楼、地面变形缝构造图
a) 地坪伸缩缝构造（一）　b) 地坪伸缩缝构造（二）

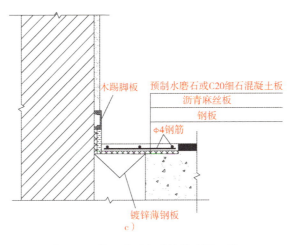

图 2-9-1 楼、地面变形缝构造图（续）
c）楼面防震缝构造

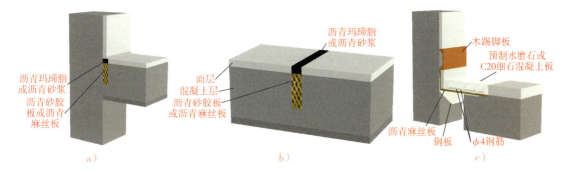

图 2-9-2 楼、地面变形缝构造三维图
a）地坪伸缩缝构造（一） b）地坪伸缩缝构造（二） c）楼面防震缝构造

图 2-9-3 楼、地面变形缝实例图

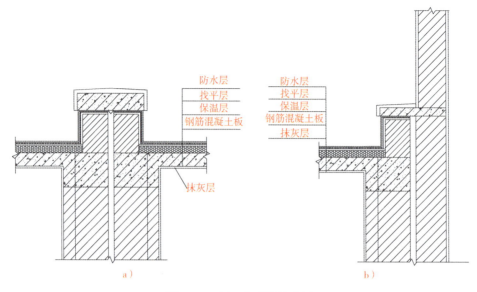

图 2-9-4　屋面变形缝构造图

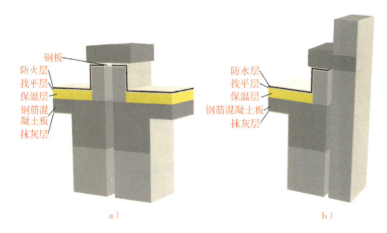

图 2-9-5　屋面变形缝构造三维图

图 2-9-6　屋面变形缝实例图

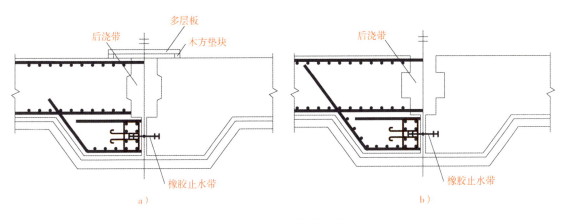

图 2-9-7　底板及外墙后浇带构造图

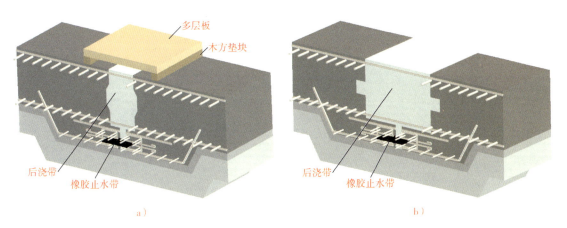

图 2-9-8　底板及外墙后浇带构造三维图

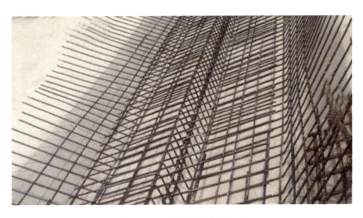

图 2-9-9　后浇带实例图

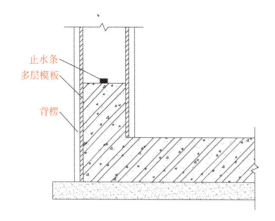
图 2-9-10 导墙浇筑及止水条构造图

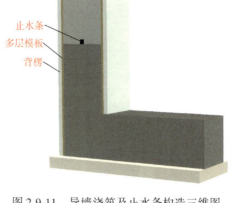
图 2-9-11 导墙浇筑及止水条构造三维图

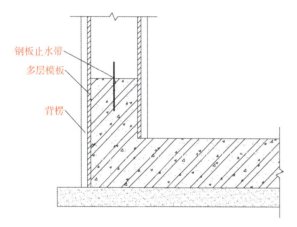
图 2-9-12 导墙浇筑及钢板止水带构造图

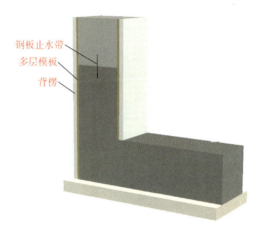
图 2-9-13 导墙浇筑及钢板止水带构造三维图

图 2-9-14 钢板止水带现场实例图

第二章 混凝土构造节点

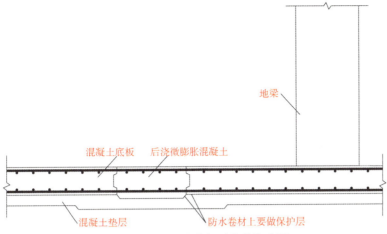

图 2-9-15 地下室底板后浇带构造图

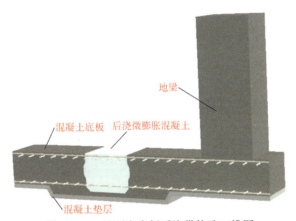

图 2-9-16 地下室底板后浇带构造三维图

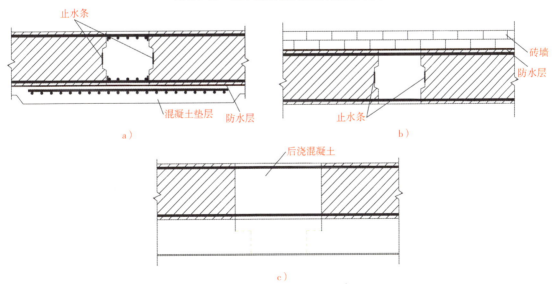

图 2-9-17 地下室底板后浇带构造图
a）后浇带板上做法 b）混凝土墙后浇带 c）垂直通过梁做法

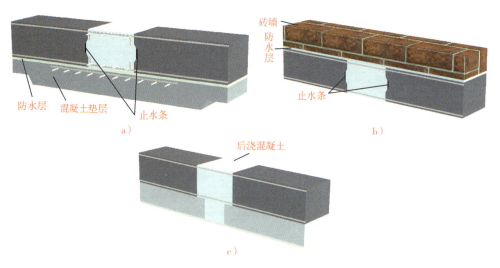

图 2-9-18　地下室底板后浇带构造三维图
a）后浇带板上做法　b）混凝土墙后浇带　c）垂直通过梁做法

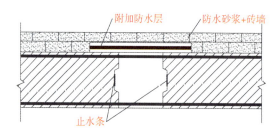

图 2-9-19　地下室外墙后浇带构造图

图 2-9-20　地下室外墙后浇带构造三维图

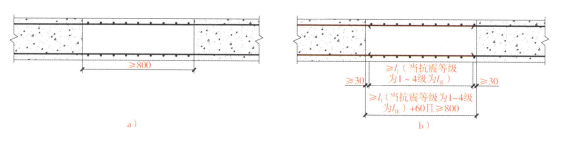

图 2-9-21　板后浇带构造图
a）板后浇带贯通钢筋构造　b）板后浇带100%搭接钢筋构造

图 2-9-22 板后浇带构造三维图
a) 板后浇带贯通钢筋构造　b) 板后浇带 100% 搭接钢筋构造

图 2-9-23 止水条现场实例图

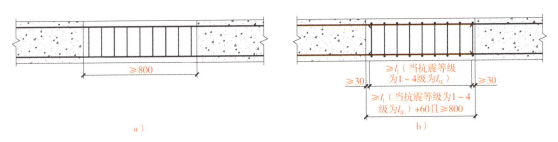

图 2-9-24 梁后浇带构造图
a) 梁后浇带贯通钢筋构造　b) 梁后浇带 100% 搭接钢筋构造

图 2-9-25 梁后浇带构造三维图
a) 梁后浇带贯通钢筋构造　b) 梁后浇带 100% 搭接钢筋构造

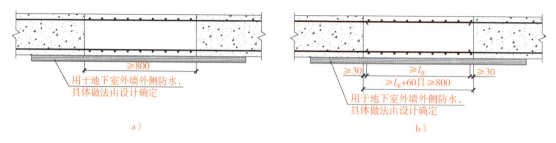

图 2-9-26 墙后浇带构造图
a) 墙后浇带贯通钢筋构造 b) 墙后浇带100%搭接钢筋构造

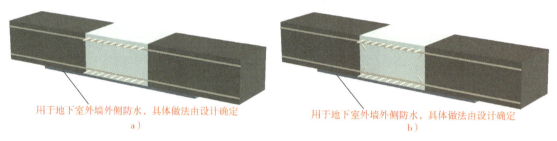

图 2-9-27 墙后浇带构造三维图
a) 墙后浇带贯通钢筋构造 b) 墙后浇带100%搭接钢筋构造

说明：

（1）为避免和预防建筑物开裂，进而造成破坏，在设计时必须采取预防措施，即在有可能产生裂缝的部位预先设置宽度适当的缝。

（2）后浇带的浇筑时间宜选择气温较低时，可用浇筑水泥或水泥中掺微量铝粉的混凝土，其强度等级应比构件强度等级高一级，防止新老混凝土之间出现裂缝，形成薄弱部位。设置后浇带的部位还应该考虑模板等措施不同的消耗因素。

第三章

混凝土养护及成品保护

◀ 第一节　混凝土的养护 ▶

混凝土浇筑完毕后，为保证已浇筑好的混凝土在规定养护期内达到设计要求的强度，并防止产生收缩和温度裂缝，应按施工技术方案及时采取有效的养护措施，混凝土养护应符合以下规定：

1）混凝土应在浇筑完毕后的12h内对混凝土加以覆盖并保湿养护；高强度混凝土浇筑完毕后须立即采取覆盖养护或立即喷洒或涂刷养护剂，以保持混凝土表面湿润。

2）对采用硅酸盐水泥、普通硅酸盐水泥或矿渣硅酸盐水泥拌制的混凝土，浇水养护时间不得少于7d；对掺用缓凝型外加剂或有抗渗要求的混凝土，浇水养护时间不得少于14d；当采用其他品种水泥时，混凝土的养护应根据所采用的水泥的技术性能确定，采用浇水养护时，应设专职人员，浇水次数应确保混凝土保持湿润状态，混凝土养护用水应与拌制混凝土用水相同。

3）采用塑料布覆盖养护时，其全部表面应覆盖严密，并保持塑料布内有凝结水。

4）强度须达到1.2MPa后，方可在其上踩踏或安装支架、模板。

具体养护方法详见表3-1-1。

表3-1-1　混凝土养护方法

序号	养护方法	说明	备注
1	覆盖浇水养护	利用平均气温高于5℃的自然条件，用适当的材料对混凝土表面加以覆盖并浇水，使得混凝土在一定时间内保持所需的适当温度和湿度	常用养护方法
2	薄膜布养护	在有条件的情况下，可采用不透水、不透气的薄膜布（如：塑料布）养护。用薄膜布把混凝土表面暴露的部分全部严密地覆盖，保证混凝土在不失水的情况下得到养护	常用养护方法；应保证薄膜布内有凝结水
3	薄膜养生液养护	防止混凝土内部水分蒸发，适用于表面积大的混凝土施工、缺水地区等情况，但要注意薄膜的保护	混凝土表面不便浇水或使用薄膜布时采用

（续）

序号	养护方法	说明	备注
4	蓄热法养护	在混凝土浇筑后利用原材料加热及水泥水化热，通过保温延缓混凝土冷却，从而使得混凝土冷却到0℃前，其强度达到或超过规定的受冻临界强度的施工方法	适用于冬期施工养护；当蓄热法不能满足要求时，可采用综合蓄热法
5	蒸汽法养护	1）棚罩法：用帆布或其他罩子扣罩，内部通蒸汽养护；设施灵活，费用小，但耗气量大，温度不易均匀 2）汽套法：制作密封保温外套，分段送汽养护；养护温度能适当控制，但加热效果取决于保温构造，且设施复杂 3）内部蒸汽法：结构内部留孔道，通过蒸汽加热养护；节省蒸汽，费用较少，但输入蒸汽段易过热，需处理冷凝水 4）热模法：模板外侧配置蒸汽管、加热模板养护；加热均匀、温度易控制，养护时间短，但费用高。蒸汽法养护混凝土，采用普通硅酸盐水泥时，最高养护温度不超过80℃；采用矿渣硅酸盐水泥时，养护温度可提高到85℃；采用内部通气法时，最高养护温度不超过60℃	适用于冬期施工养护；凡是掺有引气型外加剂或氯盐的混凝土不宜采用蒸汽加热养护；蒸汽养护宜采用矿渣水泥或火山灰水泥，不得使用矾土水泥
6	暖棚法养护	将被养护的混凝土构件或结构置于搭设的棚中，内部设置散热器、排管、电热器或火炉等加热棚内空气，使混凝土处于正温环境下养护的方法 当采用暖棚法养护时，棚内各测点温度不得低于5℃，并设专职人员检测混凝土及棚内温度；棚内测温点应选择具有代表性的位置进行监测，在离地面500mm处必须设测温点，每昼夜测温不少于4次	适用于冬期施工养护
7	电加热法养护	1）电热毯法：电热毯由四层玻璃纤维布中间加以电阻丝制成，制作时将0.6mm铁铬铝合金丝在适当直径的石棉绳上缠绕成螺旋状，按蛇形路线铺设在玻璃纤维布上，电阻丝之间的档距要均匀，转角处避免出现死弯，经缝合固定 2）红外线法：采用电热红外线加热器对混凝土进行辐射加热养护，宜用于薄壁钢筋混凝土结构和装配式钢筋混凝土结构接头处的混凝土加热；红外线养护属于干热养护，应在保温罩内设置若干水盆，保持一定的湿度，防止混凝土干裂 3）电极法：在混凝土结构的内部或表面设置电极，通以低压电流。由于混凝土的电阻作用，使电能变为热能，所产生的热量对混凝土加热。电极法养护工艺耗钢量和耗电量较大，但养护效果好，易于控制 4）工频涡流法：利用安装在钢模板外侧的钢管，内穿导线，通以交流电后产生涡流电，加热钢模板对混凝土进行加热养护	适用于冬期施工养护

第二节 混凝土的成品保护

混凝土成品保护详见表 3-2-1。

表 3-2-1 混凝土成品保护

序号	混凝土成品保护类型	说明
1	防超荷保护	1）已浇筑的楼板、楼梯踏步的上表面混凝土需加以保护，必须在混凝土强度达到 1.2MPa 后方可上人，才可以在其上方进行操作及安装结构用的支架、模板和堆放少量物品 2）防止现浇楼板受集中荷载过早产生变形、裂纹，钢筋下部需加设木方等支垫，且受力点置于梁、柱上等弯矩较小处，荷载不得直接置于现浇楼板上 3）楼梯踏板可采用废旧的竹胶板或木制模板保护，楼梯边角处用 $\phi 10$ 的圆钢防止破损
2	洞口保护	1）混凝土浇筑振捣完毕后，需保证钢筋位置正确，门窗洞口、预留洞口、墙及柱阳角在表面养护剂干后，需采用废旧的竹胶板或木制模板做护角保护 2）基础内预留孔洞不得在混凝土浇筑以后开凿
3	管线保护	1）混凝土浇筑振捣完毕后，需保证钢筋位置正确，采用三角钢筋架对水电预留管进行保护 2）基础中预留的暖卫、电气等管路，在浇筑混凝土的过程中，不得发生碰撞或产生位移
4	基础类保护	1）基础中地脚螺栓及插筋，在浇筑混凝土的过程中，不得发生碰撞或产生位移 2）基础内埋设的螺栓和预埋件，不得在混凝土浇筑以后凿洞埋设 3）各类基础浇筑完毕后，应及时回填四周基坑土方，避免长期暴露，从而出现干缩裂纹等现象
5	后浇带	在雨天，为防止雨水及泥浆从各处流到底板后浇带中，导致底板后浇带中的钢筋因长时间遭雨水浸泡而生锈： 1）地下室底板后浇带可用胶合板及水泥砂浆围挡进行封闭 2）外墙后浇带用预制钢筋混凝土板、钢板、胶合板或厚度不小于 240mm 的砖模进行封闭

参 考 文 献

[1] 段红霞. 混凝土结构工程设计施工实用图集[M]. 北京：机械工业出版社，2007.
[2] 中华人民共和国住房和城乡建设部. 混凝土结构施工钢筋排布规则与构造详图（现浇混凝土框架、剪力墙、梁、板）：18G901-1[S]. 北京：中国计划出版社，2018.
[3] 中华人民共和国住房和城乡建设部. 混凝土结构施工钢筋排布规则与构造详图（现浇混凝土板式楼梯）：18G901-2[S]. 北京：中国计划出版社，2018.
[4] 中华人民共和国住房和城乡建设部. 混凝土结构施工钢筋排布规则与构造详图（独立基础、条形基础、筏形基础、桩基础）：18G901-3[S]. 北京：中国计划出版社，2018.
[5] 中华人民共和国住房和城乡建设部. 混凝土结构施工图平面整体表示方法制图规则和构造详图（现浇混凝土框架、剪力墙、梁、板）：16G101-1[S]. 北京：中国计划出版社，2018.
[6] 杨维菊. 建筑构造设计[M]. 2版. 北京：中国建筑工业出版社，2016.
[7] 中华人民共和国住房和城乡建设部. 混凝土结构设计规范（2015年版）：GB 50010—2010[S]. 北京：中国建筑工业出版社，2015.
[8] 土木在线. 钢结构节点600例[M]. 北京：化学工业出版社，2013.
[9] 上官子昌，于林平. 地基基础工程设计施工实用图集[M]. 北京：机械工业出版社，2007.
[10] 冯跃. 钢筋混凝土结构工程细部节点做法与施工工艺图解[M]. 北京：中国建筑工业出版社，2018.
[11] 宋功业，鲁平. 现代混凝土施工技术[M]. 北京：中国电力出版社，2010.
[12] 国振喜，孙谌，孙学，等. 实用混凝土结构构造手册[M]. 4版. 北京：中国建筑工业出版社，2015.
[13] 安布罗斯. 混凝土结构简化设计（原第7版）[M]. 李鸿晶，等译. 北京：中国水利水电出版社，知识产权出版社，1996.
[14] 李国新，宋学锋. 混凝土工艺学[M]. 北京：中国电力出版社，2013.
[15] 北京土木建筑学会. 图说混凝土工现场操作技能[M]. 北京：中国电力出版社，2014.
[16] 北京土木建筑学会. 图解建筑工程作业指导 混凝土工程[M]. 北京：机械工业出版社，2013.
[17] 王建群. 混凝土工程[M]. 武汉：华中科技大学出版社，2011.